# 定期テスト ズバリよくでる 数学 2年 学校図書版 中学校数学2

## もくし

JN078285

**取り外してお使いください** 赤シート＋直前チェックBOOK,別冊解答

※全国の定期テストの標準的な出題範囲を示しています。学校の学習進度とあわない場合は、「あなたの学校の出題範囲」欄に出題範囲を書きこんでお使いください。

## Step 1 基本チェック ： 1 式の計算

⏱ 15分

## 教科書のたしかめ 〔　〕に入るものを答えよう！

### ❶ 文字式のしくみ　▶教 p.14-15　Step 2 ❶-❸

解答欄

□(1) 多項式 $3x^2-2x+1$ の項は，$3x^2$，〔 $-2x$ 〕，〔 $1$ 〕　(1)

□(2) 単項式 $2ab^2$ の次数は，〔 $3$ 〕　(2)

□(3) 多項式 $2x^2-x+3$ の次数は，〔 $2$ 〕　(3)

### ❷ 多項式の計算　▶教 p.16-20　Step 2 ❹-❾

□(4) 多項式 $3x+2y-2x-3y$ で，$3x$ の同類項は，〔 $-2x$ 〕　(4)

□(5) $2x-y-4x+3y=(2-4)x+($〔 $-1+3$ 〕$)y=-2x+2y$　(5)

□(6) $(3a-b)-(a-3b)=3a-b-a+3b=$〔 $2a+2b$ 〕　(6)

□(7) $3(2x+3y)$ の計算は，分配法則を使ってかっこをはずすと，
　$3\times2x+$〔 $3\times3y$ 〕$=$〔 $6x+9y$ 〕　(7)

□(8) $(4x-6y)\div2$ の計算は，乗法の形に直して，
　$(4x-6y)\times$〔 $\dfrac{1}{2}$ 〕$=4x\times$〔 $\dfrac{1}{2}$ 〕$-6y\times$〔 $\dfrac{1}{2}$ 〕$=$〔 $2x-3y$ 〕　(8)

### ❸ 単項式の乗法・除法　▶教 p.21-23　Step 2 ❿

□(9) $2x\times5y$ の計算は，係数と文字の積をそれぞれ求めてかけ合わせて，
　$(2\times5)\times$〔 $x\times y$ 〕$=$〔 $10xy$ 〕　(9)

□(10) $3a\times(-5b)=$〔 $-15ab$ 〕　(10)

□(11) $(-2x)^3=$〔 $-8x^3$ 〕　(11)

□(12) $9x^2\div3x$ の計算は，約分すると，$\dfrac{9x^2}{3x}=3x$　(12)

□(13) $8a\times3ab^2\div(-6ab)=-\dfrac{8a\times3ab^2}{6ab}=$〔 $-4ab$ 〕　(13)

## 教科書のまとめ 〔　〕に入るものを答えよう！

□ $3x$ や $ab$ のように，数や文字をかけ合わせた形の式を 単項式 という。

□ $2x+5$ や $x+2y$ のように，単項式の和の形で表された式を 多項式 といい，それぞれの単項式を，その多項式の 項 という。

□ 多項式で，数だけの項を 定数項 という。

□ 単項式で，かけ合わされている文字の個数を，その単項式の 次数 という。

□ 多項式では，各項の次数のうちでもっとも 大きい（高い） ものを，その多項式の次数という。

□ $2x+4y+x+3y$ の $2x$ と $x$，$4y$ と $3y$ のように，式の項の中で，文字の部分がまったく同じ項を 同類項 という。

**Step 2** 予想問題 ┊ **1 式の計算**

1ページ
**30分**

【文字式のしくみ①（単項式と多項式）】

**❶** 次の式を単項式と多項式に分けなさい。

㋐　$ab$　　　㋑　$-2x+5$　　　㋒　$-6x^2y$　　　㋓　$3a-ab^2$

単項式（　　　　　　　　），多項式（　　　　　　　　）

**ヒント**

**❶**

数や文字をかけ合わせた形の式が単項式です。

【文字式のしくみ②（単項式の次数）】

**❷** 次の単項式の次数をいいなさい。

(1)　$3x$

(2)　$2a^2$

(3)　$\dfrac{1}{3}xy^2$

(4)　$-a^2b$

**❷**

かけ合わされている文字の個数が次数です。

**✖ ミスに注意**

係数は次数に関係ないことに注意します。

【文字式のしくみ③（多項式の次数）】

**❸** 次の式は，何次式ですか。

(1)　$a+2b$

(2)　$4-3x$

(3)　$xy^2+2x$

(4)　$3x^2+2x-1$

**❸**

次数がもっとも大きい（高い）項に着目します。

【多項式の計算①（同類項）】

**❹** 次の式の同類項をまとめなさい。

(1)　$x+3y-4x+2y$

(2)　$-5a+2b-2a+b$

(3)　$2x^2-3x-5x^2+6x$

(4)　$-3x^2+6x-3-2x$

**❹**

係数以外の文字の部分がまったく同じ項が同類項です。

**テスト得ダネ**

多項式の加法や減法も，かっこをはずせば同類項をまとめる問題になります。

【多項式の計算②】

**❺** 次の2つの式で，左の式に右の式を加えた和を求めなさい。

(1)　$2x+7y,\ 3x+5y$

(2)　$x^2+3x,\ 3x^2-8x$

**❺**

和の式をつくったあと，かっこをはずし，同類項をまとめます。

【多項式の計算③】

**❻** 次の計算をしなさい。

(1)　$(4x+y)+(3x+6y)$

(2)　$(2x^2-5x+3)+(-5x^2+3x)$

**❻**

かっこをはずし，同類項をまとめます。

**【多項式の計算④】**

**❼** 次の計算をしなさい。

□(1)　$(3x-4y)-(x-5y)$

□(2)　$(x^2-2x-1)-(-2x^2+x+3)$

□(3)　$\begin{array}{r} 6x+5y \\ -)\ \ 3x-\ y \\ \hline \end{array}$

□(4)　$\begin{array}{r} 2x+3y-3 \\ -)\ \ 5x\ \ \ \ \ -7 \\ \hline \end{array}$

**【多項式の計算⑤】**

**❽** 次の計算をしなさい。

□(1)　$4(3x-2y)$

□(2)　$(a-2b-3)\times(-2)$

□(3)　$(12a-16b)\div(-4)$

□(4)　$(15x-20y)\div5$

**【多項式の計算⑥】**

**❾** 次の計算をしなさい。

□(1)　$3(4x-5y)+2(6y-x)$

□(2)　$4(2a-3b)-2(3a-b)$

□(3)　$\dfrac{4y-7x}{3}-\dfrac{-5x+3y}{5}$

□(4)　$2a-b-\dfrac{-a+2b}{3}$

**【単項式の乗法・除法】**

**❿** 次の計算をしなさい。

□(1)　$2a\times(-5b)$

□(2)　$(-8x)\times\left(-\dfrac{3}{4}y\right)$

□(3)　$a^2\times(-a)^3$

□(4)　$6a^2b\div\left(-\dfrac{3}{5}a\right)$

□(5)　$4x\times3y^2\div6xy$

□(6)　$2x^3\div3x^2\times6x$

---

**🔑ヒント**

**❼**

ひく式の各項の符号を変えて加えます。

**❽**

多項式と数の乗法は，分配法則を使って計算します。

分配法則

$a\overparen{(b+c)}=ab+ac$

(1)$4\overparen{(3x-2y)}$

(3)多項式と数の除法は，$-4$ の逆数をかけて，乗法に直します。

**❾**

(1)(2)かっこをはずしてから，同類項をまとめます。

(3)(4)通分してから計算します。

**❿**

単項式どうしの乗法は，係数の積に文字の積をかけます。除法は，分数の形にしたり，わる式の逆数をかける形にしたりして計算します。

**❎ ミスに注意**

(4)$-\dfrac{3}{5}a=-\dfrac{3a}{5}$

なので，$-\dfrac{3}{5}a$ の逆数は $-\dfrac{5}{3a}$ です。

［解答 ▶ p.1-2］

## Step 1 基本チェック　2 式の利用

⏱ 15分

## 教科書のたしかめ　[ ]に入るものを答えよう！

**❶ 式の値**　▶ 教 p.25　Step 2 ❶

**解答欄**

□(1)　$x=3$，$y=-2$ のとき，$(-8xy^2)\div(-4y)$ の値を求めなさい。

$(-8xy^2)\div(-4y)=[\ 2xy\ ]=[\ 2\times3\times(-2)\ ]=[\ -12\ ]$

(1)

**❷ 文字式による説明**　▶ 教 p.26-31　Step 2 ❷-❹

□(2)　となり合う 2 つの整数の和は奇数になる。このわけを，文字を
使って説明しなさい。

$n$ を整数とすると，となり合う 2 つの整数は $n$，$[\ n+1\ ]$ と表せる。

したがって，それらの和は，$n+(n+1)=[\ 2n+1\ ]$

$n$ が整数のとき，$[\ 2n\ ]$ は偶数，$[\ 2n+1\ ]$ は奇数を表すから，と
なり合う 2 つの整数の和は奇数になる。

(2)

□(3)　5 の倍数は，整数 $n$ を使って表すと，$[\ 5n\ ]$ と表される。

(3)

□(4)　9 の倍数は，整数 $n$ を使って表すと，$[\ 9n\ ]$ と表される。

(4)

**❸ 等式の変形**　▶ 教 p.32-33　Step 2 ❺-❼

□(5)　等式 $3x-y=4$ を $y$ について解きなさい。

$-y=[\ 4-3x\ ]$　　$y=[\ 3x-4\ ]$

(5)

□(6)　等式 $5ab=10$ を $b$ について解きなさい。

$ab=[\ 2\ ]$　　$b=\left[\ \dfrac{2}{a}\ \right]$

(6)

□(7)　底面の 1 辺が $a$，高さが $h$ の正四角錐の体積 $V$ は，

$V=\left[\ \dfrac{1}{3}a^2h\ \right]$ と表される。

これを $h$ について解くと，$h=\left[\ \dfrac{3V}{a^2}\ \right]$

(7)

## 教科書のまとめ　＿＿＿に入るものを答えよう！

□ もっとも小さい整数を $n$ とすると，連続する 5 つの整数は，$n$，$n+1$，$n+2$，$n+3$，
$n+4$ と表される。

□ **2桁の自然数の表し方**

十の位の数を $x$，一の位の数を $y$ とすると，たとえば，$37=10\times\ 3\ +\ 7\ $ だから，

2 桁の自然数は，$10\times\ x\ +\ y\ $ より，$10x+y$ と表される。

□ $n$ を整数とすると，偶数は，$2\times($整数$)$ の形に表されるので，$2\times n=2n$，奇数は，$2n+1$
または，$2n-1$ と表される。

□ 等式 $x+2y=7$ を変形して，$x=-2y+7$ を導くことを，$x+2y=7$ を $x$ について解く という。

**5**

## Step 2 予想問題　2 式の利用

1ページ
30分

**【式の値】**

❶ $x=2$，$y=-3$ のとき，次の式の値を求めなさい。

□(1)　$3(2x-4y)-2(x-3y)$

□(2)　$24x^2y\div(-8x)$

**❶**

数を代入する前に，式を簡単にしておきます。

**【文字式による説明①】**

❷ 3，5，7 のような連続する 3 つの奇数の和は 3 の倍数になります。このわけを，文字式を使って説明しなさい。

**❷**

連続する 3 つの奇数のうち，いちばん小さい奇数を $2n-1$ として考えます。3×(整数)の形になっていれば，3 の倍数といえます。

**【文字式による説明②】**

❸ ある自然数 $N$ の各位の数の和が 9 でわり切れるときは，$N$ は 9 でわり切れます。$N$ が 2 桁の自然数の場合について，次のように説明しました。　　にあてはまる式を入れ，説明を完成させなさい。

　2 けたの自然数 $N$ の十の位の数を $a$，一の位の数を $b$ とすると，

　$N=$ □(1)

と表される。$N$ の十の位の数と一の位の数の和は 9 の倍数となるから，

　$a+b=$ □(2)　　　　　　($n$ は整数)

と表すことができる。すると，

　$N=$ □(3)　　　　　　$+(a+b)=$ (3)$+$(2)$=9$ □(4)

(4)は整数だから，9( (4) )は 9 の倍数である。

　したがって，十の位の数と一の位の数の和が 9 でわり切れる 2 桁の自然数は 9 でわり切れる。

**❸**

**❌ ミスに注意**

数の場合とちがい，2 桁の自然数を $ab$ と書くことはできません。たとえば，45 は，4×10+5 と表せることを参考にして考えましょう。

[解答 ▶ p.2]

**【文字式による説明③】**

❹ 右の図は，長さ $2a$ の線分 AB 上に半径 $a$，$b$，$c$ の 3 つの半円 $O_1$，$O_2$，$O_3$ をかいたものです。このとき，この図形の周の長さは，半径 $a$ の円周の長さに等しくなることを，文字式を使って説明しなさい。

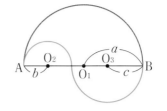

**【等式の変形①】**

❺ 次の等式を〔　〕内の文字について解きなさい。

(1) $a - b = 3$ 〔$b$〕

(2) $y = 8 - 2x$ 〔$x$〕

(3) $3x + 4y = 12$ 〔$y$〕

(4) $4a - 2b = 3$ 〔$a$〕

**【等式の変形②】**

❻ 次の等式を〔　〕内の文字について解きなさい。

(1) $V = \dfrac{1}{3}\pi r^2 h$ 〔$h$〕

(2) $\ell = 3a + 2b$ 〔$b$〕

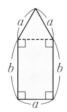

**【等式の変形③】**

❼ 直方体の表面積 $S$ を求める式 $S = 2(ab + bc + ca)$ を $a$ について解きました。(1)〜(4)は，それぞれどんな操作をしていますか。□□□にあてはまることばを答えなさい。

両辺を入れかえると，$2(ab + bc + ca) = S$

(1) □□□　と，　$ab + bc + ca = \dfrac{S}{2}$

(2) □□□　と，　$a(b + c) + bc = \dfrac{S}{2}$

(3) □□□　と，　$a(b + c) = \dfrac{S}{2} - bc$

(4) □□□　と，　$a = \dfrac{S - 2bc}{2(b + c)}$

［解答 ▶ p.2-3］　**7**

**💡ヒント**

❹ 次のように考えます。
①$c$ を $a$ と $b$ で表す。
②3つの半円の弧の長さをそれぞれ文字式で表し，図形の周の長さを文字式で表す。
③②の式の $c$ に①を代入し変形すると，②の式は $a$ で表すことができる。

❺〔　〕内に指定された文字の項だけが左辺に残るように変形していきます。

❻ 両辺を入れかえ，方程式を解くように，式を変形します。

❼ 等式の変形には，次のような操作があります。
・移項する。
・両辺に同じ数をかける。
・両辺を 0 でない同じ数でわる。
・かっこでくくる。

## Step 3 予想テスト　1章 式の計算

30分　目標80点　／100点

**❶** 次の㋐～㋕について，(1)～(4)の問いに答えなさい。知

| ㋐ $-3x$ | ㋑ $2x+5y$ | ㋒ $4x+3$ |
| ㋓ $3x^2$ | ㋔ $x^2-1$ | ㋕ $3xy+2y$ |

☐ (1)　単項式はどれですか。記号で答えなさい。

☐ (2)　1 次式はどれですか。記号で答えなさい。

☐ (3)　定数項をもつ式はどれですか。記号で答えなさい。

☐ (4)　㋑～㋕の式の各項のうちで，㋐の同類項になっている項を答えなさい。

**❷** 次の計算をしなさい。知

☐ (1)　$3x-6y+5y-x+3$

☐ (2)　$-5x^2+8x-2x+3x^2$

☐ (3)　$(2a+5b)+(-6a+b)$

☐ (4)　$(3a-4b)-(7a-6b)$

☐ (5)　$(2x^2-x+3)-(-x^2+2x-1)$

☐ (6)　$(2x^2-x+3)+3(-x^2+2x-1)$

☐ (7)　$(3x-2y)\times(-2)$

☐ (8)　$(12a+6b)\div(-3)$

**❸** 次の計算をしなさい。知

☐ (1)　$3a\times2b$

☐ (2)　$(-3x^2)\times3x$

☐ (3)　$(-2a)^2$

☐ (4)　$12xy\div6y$

☐ (5)　$18a^2\div\left(-\dfrac{3}{5}a\right)$

☐ (6)　$8x^2y\div2x\times3xy$

**❹** $x=3$，$y=-2$ のとき，次の式の値を求めなさい。知 考

☐ (1)　$(6x-5y)-(3x-y)$

☐ (2)　$72xy^2\div(-24y)$

**❺** 次の等式を〔 〕内の文字について解きなさい。考

☐ (1)　$y=\dfrac{1}{2}x-3$　〔$x$〕

☐ (2)　$a-3b=2c$　〔$b$〕

**❻** 3，4，5のように，まん中の数が偶数である連続する3つの整数の和を$N$とすると，$N$は6の倍数になります。このことを，文字式を使って次のように説明しました。□にあてはまる式やことばを書きなさい。**考**

12点(各3点)

連続する3つの整数のまん中の数を$2n$（$n$は整数）とすると，他の2つの数は，

□①，□②　と表されるから，

$N=($ ① $)+2n+($ ② $)$

　$=$□③

$n$は整数だから，③は6の倍数である。したがって，$N$は□④。

**❼** 底面の半径が$r$，母線の長さが$\ell$の円すいの展開図で，側面のおうぎ形の中心角を$\angle x$とすると，$x=360\times\dfrac{r}{\ell}$になります。このことを，次の考え方にしたがって，文字式を使って説明しなさい。**知** **考**

12点

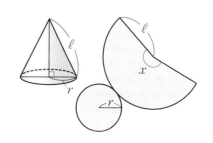

**考え方**　側面のおうぎ形の弧の長さと底面の円周は等しいことを利用する。

| ❶ | (1) | (2) | (3) | (4) |
|---|---|---|---|---|
| | | | | |

| ❷ | (1) | (2) | (3) |
|---|---|---|---|
| | (4) | (5) | (6) |
| | (7) | (8) | |

| ❸ | (1) | (2) | (3) |
|---|---|---|---|
| | (4) | (5) | (6) |

| ❹ | (1) | (2) |
|---|---|---|
| | | |

| ❺ | (1) | (2) |
|---|---|---|
| | | |

| ❻ | ① | ② | ③ |
|---|---|---|---|
| | ④ | | |

| ❼ | |
|---|---|
| | |

## Step 1 基本チェック　1 連立方程式

15分

## 教科書のたしかめ　〔 〕に入るものを答えよう！

### ❶ 連立方程式とその解　▶教 p.42-44　Step 2 ❶ ❷

**解答欄**

□(1)　次の㋐〜㋒の中で，2元1次方程式 $2x+3y=12$ の解は，〔 ㋒ 〕

㋐ $\begin{cases} x=4 \\ y=2 \end{cases}$　　㋑ $\begin{cases} x=3 \\ y=4 \end{cases}$　　㋒ $\begin{cases} x=3 \\ y=2 \end{cases}$

(1)

□(2)　次の㋐〜㋒の中で，連立方程式 $\begin{cases} x-y=-1 \\ x+y=7 \end{cases}$ の解は，〔 ㋑ 〕

㋐ $\begin{cases} x=4 \\ y=2 \end{cases}$　　㋑ $\begin{cases} x=3 \\ y=4 \end{cases}$　　㋒ $\begin{cases} x=3 \\ y=2 \end{cases}$

(2)

### ❷ 連立方程式の解き方　▶教 p.45-53　Step 2 ❸-❿

□(3)　右の連立方程式を，加減法と代入法で解くと，

$\begin{cases} x-y=-1 & \cdots\cdots① \\ x+3y=11 & \cdots\cdots② \end{cases}$

**加減法による解き方**

① 　　$x-\ y=-1$
② $-)\ x+3y=11$
　　　　$〔-4y〕=〔-12〕$
　　　　　　　$y=3$

$y=3$ を①に代入すると，

$x-3=-1$
　　$x=〔2〕$

答 $\begin{cases} x=〔2〕 \\ y=3 \end{cases}$

**代入法による解き方**

①より，$x=〔y-1〕$　$\cdots\cdots③$
③を②に代入すると，
　$〔y-1〕+3y=11$
　　　$〔4y〕=〔12〕$
　　　　$y=3$

$y=3$ を③に代入すると，
　$x=〔3-1〕=〔2〕$

答 $\begin{cases} x=〔2〕 \\ y=3 \end{cases}$

(3)【加減法】

【代入法】

□(4)　連立方程式 $5x+y=-3x+5y=7$ を解きなさい。

$\begin{cases} 5x+y=7 \\ 〔-3x+5y〕=7 \end{cases}$　　これを解くと，$x=〔1〕$，$y=〔2〕$

(4)

## 教科書のまとめ　〔 〕に入るものを答えよう！

□ $2x+3y=12$ のように，2種類の文字をふくむ1次方程式を 2元1次方程式 という。これに対し，1種類だけの文字をふくむ1次方程式を 1元1次方程式 という。

□ $2x+3y=12$ を成り立たせる $x$，$y$ の値の組を，2元1次方程式 $2x+3y=12$ の 解 という。

□ 2つの2元1次方程式を1組と考えたものを 連立方程式 という。

□ 2つの2元1次方程式を同時に成り立たせる $x$，$y$ の値の組を，連立方程式の 解 といい，解を求めることを，連立方程式を 解く という。

**Step 2**　予想問題　:　**1 連立方程式**

1ページ
**30分**

**【連立方程式とその解①】**

**●ヒント**

❶ 次の⑦〜⑦の中で，2元1次方程式 $3x-2y=7$ の解はどれですか。

⑦ $\begin{cases} x=3 \\ y=-1 \end{cases}$　　　　　⑦ $\begin{cases} x=1 \\ y=-2 \end{cases}$　　　　　⑦ $\begin{cases} x=-2 \\ y=-7 \end{cases}$

❶
$x$ と $y$ の値を代入して，方程式が成り立つかどうか調べます。

**【連立方程式とその解②】**

❷ 次の⑦〜⑦の中で，連立方程式 $\begin{cases} 2x+y=1 \\ x-2y=-7 \end{cases}$ の解はどれですか。

⑦ $\begin{cases} x=1 \\ y=-1 \end{cases}$　　　　　⑦ $\begin{cases} x=2 \\ y=-3 \end{cases}$　　　　　⑦ $\begin{cases} x=-1 \\ y=3 \end{cases}$

❷
$x$ と $y$ の値を代入して，両方の方程式が成り立つかどうか調べます。

**【連立方程式の解き方①（加減法①）】**

❸ 次の連立方程式を，加減法で解きなさい。

□ (1) $\begin{cases} x+4y=9 \\ x+y=3 \end{cases}$　　　　　□ (2) $\begin{cases} 2x+y=4 \\ 3x+y=7 \end{cases}$

$\begin{cases} x= \\ y= \end{cases}$　　　　　　　　　　　　　$\begin{cases} x= \\ y= \end{cases}$

□ (3) $\begin{cases} 5x-y=-13 \\ 2x+y=-1 \end{cases}$　　　　□ (4) $\begin{cases} 3x+2y=10 \\ 3x-y=4 \end{cases}$

$\begin{cases} x= \\ y= \end{cases}$　　　　　　　　　　　　　$\begin{cases} x= \\ y= \end{cases}$

□ (5) $\begin{cases} 2x+3y=11 \\ 4x-5y=11 \end{cases}$　　　　□ (6) $\begin{cases} 5x-6y=8 \\ 2x+y=10 \end{cases}$

$\begin{cases} x= \\ y= \end{cases}$　　　　　　　　　　　　　$\begin{cases} x= \\ y= \end{cases}$

❸
どちらかの文字の係数の絶対値をそろえ，左辺どうし，右辺どうしを加えたりひいたりして，その文字を消去する解き方を加減法といいます。
(1)〜(4) 2つの式を加えたりひいたりして，一方の文字の項を消します。
(5)(6) 一方の式を何倍かして，$x$ または $y$ の係数の絶対値が同じになるようにします。

【連立方程式の解き方②（加減法②）】

❹　次の連立方程式を，加減法で解きなさい。

□(1) $\begin{cases} 4x + 5y = 6 \\ 3x + 7y = 11 \end{cases}$

□(2) $\begin{cases} 6x - 7y = 6 \\ -4x + 3y = -14 \end{cases}$

$\begin{cases} x = (\quad) \\ y = (\quad) \end{cases}$　　　　　$\begin{cases} x = (\quad) \\ y = (\quad) \end{cases}$

□(3) $\begin{cases} 13x - 3y = 5 \\ -5x + 2y = 4 \end{cases}$

□(4) $\begin{cases} -9x + 4y = 25 \\ 12x + 5y = 8 \end{cases}$

$\begin{cases} x = (\quad) \\ y = (\quad) \end{cases}$　　　　　$\begin{cases} x = (\quad) \\ y = (\quad) \end{cases}$

【連立方程式の解き方③（代入法①）】

**よく出る**

❺　次の連立方程式を，代入法で解きなさい。

□(1) $\begin{cases} y = x + 2 \\ 3x + y = 14 \end{cases}$

□(2) $\begin{cases} x = 2y - 1 \\ 2x + 3y = 19 \end{cases}$

$\begin{cases} x = (\quad) \\ y = (\quad) \end{cases}$　　　　　$\begin{cases} x = (\quad) \\ y = (\quad) \end{cases}$

□(3) $\begin{cases} y = 3x - 2 \\ y = 7x + 6 \end{cases}$

□(4) $\begin{cases} 3x - 4y = 12 \\ y = 2x - 3 \end{cases}$

$\begin{cases} x = (\quad) \\ y = (\quad) \end{cases}$　　　　　$\begin{cases} x = (\quad) \\ y = (\quad) \end{cases}$

**ヒント**

❹

2つの式をそれぞれ何倍かして，$x$ または $y$ の係数の絶対値が等しくなるようにします。

❺

一方の式を他方の式に代入することによって，1つの文字を消去して解く方法を代入法といいます。

$x = \sim$，または，$y = \sim$ の式を，もう一方の式に代入します。

**❌ ミスに注意**

代入する文字に，係数や − の符号がついているときには，かっこをつけて代入しましょう。

【連立方程式の解き方④（代入法②）】

❻ 次の連立方程式を，代入法で解きなさい。

❻
一方の式を $x$ または $y$ について解き，他方の式に代入します。
(2) $x$ と $y$ のどちらについて解いてもよいです。

□(1) $\begin{cases} x-2y=-5 \\ x+3y=5 \end{cases}$　　　　□(2) $\begin{cases} x+y=-1 \\ 4x-3y=17 \end{cases}$

$\begin{cases} x=(\qquad) \\ y=(\qquad) \end{cases}$　　　　$\begin{cases} x=(\qquad) \\ y=(\qquad) \end{cases}$

□(3) $\begin{cases} 3x-2y=-17 \\ 5x+y=-11 \end{cases}$　　　　□(4) $\begin{cases} 2x-y=8 \\ -3x+2y=-11 \end{cases}$

$\begin{cases} x=(\qquad) \\ y=(\qquad) \end{cases}$　　　　$\begin{cases} x=(\qquad) \\ y=(\qquad) \end{cases}$

□(5) $\begin{cases} x+3y=5 \\ 2x-5y=-23 \end{cases}$　　　　□(6) $\begin{cases} 4x+y=3 \\ 5x+3y=-5 \end{cases}$

$\begin{cases} x=(\qquad) \\ y=(\qquad) \end{cases}$　　　　$\begin{cases} x=(\qquad) \\ y=(\qquad) \end{cases}$

【連立方程式の解き方⑤（かっこをふくむ連立方程式）】

❼ 次の連立方程式を解きなさい。

❼
かっこをはずして，式を整理してから，加減法または代入法で解きます。

□(1) $\begin{cases} 3x+2y=0 \\ 2(x-y)+3y=1 \end{cases}$　　　　□(2) $\begin{cases} 4(x-2y)=3(y+5) \\ x+y=15 \end{cases}$

$\begin{cases} x=(\qquad) \\ y=(\qquad) \end{cases}$　　　　$\begin{cases} x=(\qquad) \\ y=(\qquad) \end{cases}$

□(3) $\begin{cases} 3(x-y)+2y=7 \\ 2x-(5x-2y)=10 \end{cases}$　　　　□(4) $\begin{cases} x=6-y \\ 3(x+2y)-4x=1 \end{cases}$

$\begin{cases} x=(\qquad) \\ y=(\qquad) \end{cases}$　　　　$\begin{cases} x=(\qquad) \\ y=(\qquad) \end{cases}$

【連立方程式の解き方⑥（分数をふくむ連立方程式）】

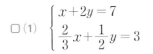

**8** 次の連立方程式を解きなさい。

(1) $\begin{cases} x+2y=7 \\ \dfrac{2}{3}x+\dfrac{1}{2}y=3 \end{cases}$

$\begin{cases} x= \\ y= \end{cases}$

(2) $\begin{cases} -\dfrac{x}{3}+\dfrac{y}{4}=1 \\ 5x-3y=-6 \end{cases}$

$\begin{cases} x= \\ y= \end{cases}$

(3) $\begin{cases} x-\dfrac{1}{3}y=6 \\ \dfrac{3}{4}x+2y=18 \end{cases}$

$\begin{cases} x= \\ y= \end{cases}$

(4) $\begin{cases} \dfrac{x-3y}{5}=2 \\ \dfrac{1}{4}(3x+2y)+\dfrac{x}{3}=-\dfrac{5}{12} \end{cases}$

$\begin{cases} x= \\ y= \end{cases}$

【連立方程式の解き方⑦（小数をふくむ連立方程式）】

**9** 次の連立方程式を解きなさい。

(1) $\begin{cases} 0.1x+0.3y=1.5 \\ 3x-5y=-11 \end{cases}$

$\begin{cases} x= \\ y= \end{cases}$

(2) $\begin{cases} 2x-y=9 \\ 1.2x+0.9y=3.9 \end{cases}$

$\begin{cases} x= \\ y= \end{cases}$

(3) $\begin{cases} x+y=7 \\ 0.15x+0.08y=0.84 \end{cases}$

$\begin{cases} x= \\ y= \end{cases}$

(4) $\begin{cases} 0.04x-0.03y=0.02 \\ \dfrac{x}{5}+\dfrac{y}{3}=3 \end{cases}$

$\begin{cases} x= \\ y= \end{cases}$

【連立方程式の解き方⑧（$A=B=C$ の形の連立方程式）】

**10** 次の連立方程式を解きなさい。

(1) $3x-y=-x+5y=7$

$\begin{cases} x= \\ y= \end{cases}$

(2) $2x+3y=3x+7=6-y$

$\begin{cases} x= \\ y= \end{cases}$

ヒント

**8**
数に分数をふくむ方程式は，係数がすべて整数になるように変形します。
⑴⑵⑷係数の分母の最小公倍数をかけます。

❌ ミスに注意
$\dfrac{2}{3}x+\dfrac{1}{2}y=3$ のような式で分母をはらうとき，左辺にだけ6をかけて，
$4x+3y=3$
とするのはよくあるミスです。右辺にも忘れずに同じ数6をかけましょう。

**9**
係数に小数をふくむ方程式は，10，100，…などを両辺にかけて，係数を整数にします。
⑴⑵両辺を10倍します。
⑶⑷両辺を100倍します。⑷の下の式は，分母の最小公倍数をかけます。

**10**
⑴7を右辺とする式を2つつくります。

［解答 ▶ p.6-7］

## Step 1 基本チェック ・ 2 連立方程式の利用

15分

2章

## 教科書のたしかめ　[ ]に入るものを答えよう！

**❶ 連立方程式の利用**　▶ 教 p.57-63　Step 2 ❶-❼

**解答欄**

□(1)　濃度が10%の砂糖水と5%の砂糖水を混ぜて，濃度が7%の砂糖水300gをつくるには，それぞれ何gずつ混ぜればよいか。10%の砂糖水を $x$ g，5%の砂糖水を $y$ g 混ぜるとして，表のあいているところをうめなさい。

□(2)　(1)でこれらの数量の関係から連立方程式をつくりなさい。

| 濃　度 | 10% | 5% | 7% |
|---|---|---|---|
| 砂糖水(g) | $x$ | $y$ | 300 |
| 砂糖(g) | $x \times \dfrac{10}{100}$ | $y \times \dfrac{5}{100}$ | $300 \times \dfrac{7}{100}$ |

砂糖水の量の関係から方程式をつくると，$[\ x+y\ ]=300$

砂糖の量の関係から方程式をつくると，

$\left[\ \dfrac{10}{100}x + \dfrac{5}{100}y\ \right] = 300 \times \dfrac{7}{100}$

これを解くと，$x=120$，$y=[\ 180\ ]$　　これは問題に適している。

　　　答　10%の砂糖水 [ 120 ] g，5%の砂糖水 [ 180 ] g

□(3)　1本60円の鉛筆と1本90円の鉛筆を合わせて10本買い，780円払った。60円の鉛筆を $x$ 本，90円の鉛筆を $y$ 本買ったとして，表のあいているところをうめなさい。

| 1本の値段 (円) | 60 | 90 | 合計 |
|---|---|---|---|
| 本数 (本) | [ $x$ ] | [ $y$ ] | 10 |
| 代金 (円) | [ $60x$ ] | [ $90y$ ] | [ 780 ] |

□(4)　(3)の本数の関係から方程式をつくると，$[\ x+y\ ]=10$

□(5)　(3)の代金の関係から方程式をつくると，$[\ 60x+90y\ ]=780$

これを解くと，$x=4$，$y=[\ 6\ ]$　　これは問題に適している。

　　　答　60円の鉛筆 [ 4 ] 本，90円の鉛筆 [ 6 ] 本

(1)

(2)

(3)

(4)

(5)

## 教科書のまとめ　　に入るものを答えよう！

□ 連立方程式を利用して問題を解く手順

①問題文の中にある，数量 の関係を見つけ，図や表，ことばの式で表す。

②わかっている 数量 ，わからない 数量 をはっきりさせ，文字を使って 連立方程式 をつくる。

③ 連立方程式 を解く。

④連立方程式の解が問題に 適しているか どうかを確かめ，適していれば問題の 答え とする。

□ 割合の問題　百分率などの割合を 分数 で表す。

□ 時間・道のり・速さの問題　（道のり）= ( 速さ )×(時間)，(時間)$= \dfrac{(\ 道のり\ )}{(速さ)}$

**15**

Step 2 予想問題 : **2 連立方程式の利用**

1ページ
30分

【連立方程式の利用①（代金の関係①）】

よく出る

❶ 50円切手と120円切手を合わせて15枚買ったところ，代金はちょうど1100円でした。

□(1)　50円切手を$x$枚，120円切手を$y$枚買ったとして，連立方程式をつくりなさい。

□(2)　50円切手と120円切手をそれぞれ何枚買いましたか。

50円切手（　　　　　　　），120円切手（　　　　　　　）

❶ヒント

❶
切手の，枚数の関係と，代金の関係から，2つの方程式を考え，連立方程式をつくります。

📄テスト得ダネ

文章題から連立方程式をつくるときは，図などをかいて，条件を的確に把握するようにしましょう。

【連立方程式の利用②（代金の関係②）】

よく出る

❷ 鉛筆6本とノート2冊を買うと代金は660円です。また鉛筆4本とノート3冊を買うと代金は690円です。鉛筆1本，ノート1冊の値段をそれぞれ求めなさい。

鉛筆1本（　　　　　　　），ノート1冊（　　　　　　　）

❷
鉛筆1本$x$円，ノート1冊$y$円として連立方程式をつくり，加減法で解きます。

【連立方程式の利用③（2数の関係）】

❸ 大小2つの数があります。大きい数は，小さい数の2倍より3小さく，また，大きい数の2倍と小さい数の3倍との和は29です。この2つの数を求めなさい。

大きい数（　　　　　　　），小さい数（　　　　　　　）

❸
大きい数を$x$，小さい数を$y$として連立方程式をつくり，代入法で解きます。

［解答 ▶ p.7］

【連立方程式の利用④(重さの関係)】

**④** 1個の重さが 50g の商品 A と 1個の重さが 30g の商品 B があります。重さが 200g の箱に商品 A，B を合わせて 30 個つめて，全体の重さが 1500g になるようにします。商品 A，商品 B をそれぞれ何個ずつつめればよいか求めなさい。

**④**
商品 A の個数を $x$ 個，商品 B の個数を $y$ 個として連立方程式をつくり，加減法で解きます。

商品 A (　　　　　　)，商品 B (　　　　　　)

【連立方程式の利用⑤(割合の関係)】

**⑤** ある中学校の昨年の全校生徒数は，男女合わせて 380 人でした。今年は，昨年に比べ，男子が 4%減り，女子が 5%増えたので，全体として 1 人増えました。昨年の男子と女子の人数を求めなさい。

**⑤**
昨年の男子の人数を $x$ 人，女子の人数を $y$ 人として連立方程式をつくります。

男子 (　　　　　　)，女子 (　　　　　　)

【連立方程式の利用⑥(時間・道のり・速さの関係)】

**⑥** 高速道路を使って，自動車で A 地点から 140km 離れた C 地点まで行きました。途中の B 地点までは時速 80km，B 地点から C 地点までは時速 100km で走ったところ，全体で 1 時間 36 分かかりました。AB 間と BC 間の道のりをそれぞれ求めなさい。

**⑥**
AB 間の道のりを $x$km，BC 間の道のりを $y$km とします。
$$(時間)=\frac{(道のり)}{(速さ)}$$
の関係を使います。

AB 間 (　　　　　　)，BC 間 (　　　　　　)

【連立方程式の利用⑦(食塩水の濃度の関係)】

**⑦** 8%の食塩水と 15%の食塩水を混ぜて，12%の食塩水 350g をつくりました。それぞれ何 g ずつ混ぜましたか。

**⑦**
$a$%の食塩水にふくまれる食塩の重さは，
$$(食塩水の重さ)\times\frac{a}{100}$$

8%の食塩水 (　　　　　　)，15%の食塩水 (　　　　　　)

## Step 3　予想テスト　2章 連立方程式

 30分　 100点　目標 80点

**❶** 2元1次方程式 $x+3y=10$ について，次の問いに答えなさい。**考**

☐(1) $\begin{cases} x=-5 \\ y=5 \end{cases}$ は，この方程式の解といえますか。

☐(2) $x$，$y$ を自然数とするとき，この方程式の解をすべて求めなさい。

**❷** 2つの2元1次方程式　$2x+y=8$ ……①，$3x-y=2$ ……② について，下の(1)〜(3)にあてはまるものを，次の⑦〜⑦の中から選びなさい。**知** **考**

⑦ $\begin{cases} x=3 \\ y=2 \end{cases}$　　④ $\begin{cases} x=3 \\ y=7 \end{cases}$　　⑦ $\begin{cases} x=4 \\ y=2 \end{cases}$　　⑤ $\begin{cases} x=2 \\ y=4 \end{cases}$　　⑦ $\begin{cases} x=2 \\ y=3 \end{cases}$

☐(1) ① の解はどれですか。

☐(2) ② の解はどれですか。

☐(3) ①，② を連立方程式と考えたとき，その解はどれですか。

**❸** 次の連立方程式を解きなさい。**知**

☐(1) $\begin{cases} 3x+2y=5 \\ x-2y=-9 \end{cases}$　　☐(2) $\begin{cases} 2x-5y=11 \\ 3x-7y=16 \end{cases}$　　☐(3) $\begin{cases} y=2x+3 \\ 3x-y=0 \end{cases}$

☐(4) $\begin{cases} y=2x+8 \\ x=2y-7 \end{cases}$　　☐(5) $\begin{cases} 2(x-1)+y=-2 \\ x-3(y+2)=8 \end{cases}$　　☐(6) $\begin{cases} 3x-2(y+1)=8 \\ 4(2x+1)+3y=39 \end{cases}$

☐(7) $\begin{cases} \dfrac{1}{4}x-\dfrac{1}{3}y=-1 \\ 5x-4y=4 \end{cases}$　　☐(8) $\begin{cases} 0.6x+0.5y=3.2 \\ 1.2x-0.8y=10 \end{cases}$

**❹** 次の⑦，④の連立方程式が同じ解をもつとき，下の問いに答えなさい。**知** **考**

⑦ $\begin{cases} 5x+2y=0 & ……① \\ ax+by=-4 & ……② \end{cases}$　　　④ $\begin{cases} bx+ay=-11 & ……③ \\ 4x+3y=-7 & ……④ \end{cases}$

☐(1) ①，④ を連立方程式と考えたとき，その解を求めなさい。

☐(2) $a$，$b$ の値を求めなさい。

**❺** ある映画館の入館料は，大人 2 人と子ども 1 人では 3200 円，大人 1 人と子ども 3 人では 3600 円です。次の問いに答えなさい。【知】【考】    10点(各5点)

□(1) 大人 1 人の入館料，子ども 1 人の入館料をそれぞれ $x$ 円，$y$ 円として連立方程式をつくりなさい。

□(2) 大人 1 人，子ども 1 人の入館料を，それぞれ求めなさい。

**❻** さとるさんの中学校の昨年の全校生徒数は，男子，女子合わせて 620 人でした。今年は，昨年と比べると，男子は 6 ％増え，女子は 5 ％減ったので，全体として 2 人増えました。次の問いに答えなさい。【知】【考】    15点(各5点)

□(1) 昨年の男子，女子の生徒数を，それぞれ $x$ 人，$y$ 人として連立方程式をつくりなさい。

□(2) 昨年の男子，女子の生徒数を，それぞれ求めなさい。

□(3) 今年の男子，女子の生徒数を，それぞれ求めなさい。

**❼** 2桁の自然数があります。一の位の数と十の位の数の和は 11 です。また，一の位の数と十の位の数を入れかえてできる自然数は，もとの自然数の 3 倍より 5 大きくなります。もとの自然数を求めなさい。【知】【考】    13点

| | (2) | | |
|---|---|---|---|
| **❶** (1) | | | |
| **❷** (1) | (2) | (3) | |
| **❸** (1) $\begin{cases} x= \\ y= \end{cases}$ | (2) $\begin{cases} x= \\ y= \end{cases}$ | (3) $\begin{cases} x= \\ y= \end{cases}$ | (4) $\begin{cases} x= \\ y= \end{cases}$ |
| (5) $\begin{cases} x= \\ y= \end{cases}$ | (6) $\begin{cases} x= \\ y= \end{cases}$ | (7) $\begin{cases} x= \\ y= \end{cases}$ | (8) $\begin{cases} x= \\ y= \end{cases}$ |
| **❹** (1) $\begin{cases} x= \\ y= \end{cases}$ | (2)$a=$          , $b=$ | | |
| **❺** (1) | (2)大人          円, 子ども          円 | | |
| **❻** (1) | (2)男子          人, 女子          人 | | |
| | (3)男子          人, 女子          人 | | |
| **❼** | | | |

**Step 1 基本チェック** ・・ **1 1次関数**　⏱ 15分

## 教科書のたしかめ　[　]に入るものを答えよう！

**❶ 1次関数**　▶教 p.72-75　Step 2 ❶-❻

**解答欄**

□(1) 次の㋐～㋔の中で，1次関数であるといえるものは，[ ㋑, ㋓ ]

　㋐ $y=4$　㋑ $y=2x+1$　㋒ $y=\dfrac{3}{x}$　㋓ $y=-x$　㋔ $y=x^2$

(1)

□(2) $x$ の増加量が2のときの $y$ の増加量が6ならば，

　変化の割合 $=\left[\ \dfrac{6}{2}\ \right]=[\ 3\ ]$

(2)

□(3) 1次関数 $y=3x-4$ で，$x$ の値が2から5まで増加したときの $y$ の増加量は[ 9 ]で，このときの変化の割合は[ 3 ]となる。

(3)

**❷ 1次関数のグラフ**　▶教 p.76-81　Step 2 ❼❽

□(4) 1次関数 $y=3x+5$ のグラフは，$y=3x$ のグラフを $y$ 軸の正の向きに[ 5 ]だけ平行移動させた直線である。

(4)

□(5) 1次関数 $y=-3x-5$ のグラフの傾きは[ $-3$ ]，切片は[ $-5$ ]

(5)

**❸ 1次関数のグラフのかき方・式の求め方**　▶教 p.82-86　Step 2 ❾-⓬

(6)

□(6) 次の1次関数のグラフをかきなさい。

　㋐ $y=3x-3$　㋑ $y=-\dfrac{1}{4}x+4$

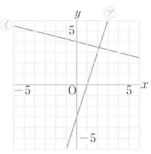

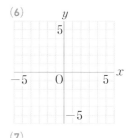

□(7) グラフの傾きが4で，点(1, 1)を通る1次関数は，$y=4x+b$ に $x=1$，$y=1$ を代入すると，$b=[\ -3\ ]$ より，$y=[\ 4x-3\ ]$

(7)

□(8) 右の図の直線のグラフは，傾きが[ 2 ]であり，切片が[ $-2$ ]であるから，直線の式は，$y=[\ 2x-2\ ]$

(8)

## 教科書のまとめ　　に入るものを答えよう！

□ 2つの変数 $x$，$y$ について，$y$ が $x$ の1次式で表されるとき，$y$ は $x$ の 1次関数 であるという。

□ 一般に，1次関数は，$a$ を0でない定数，$b$ を定数として，$y=ax+b$ と表される。

□ $x$ の増加量をもとにしたときの $y$ の増加量の割合を，変化の割合 という。

□ 1次関数 $y=ax+b$ のグラフは，$y=ax$ のグラフを $y$ 軸の正の向きに $b$ だけ 平行 移動した直線である。

□ 1次関数 $y=ax+b$ のグラフで，$a$，$b$ をそれぞれグラフの 傾き ，切片 という。

**Step 2** __予想問題__　**1 1次関数**

**【1次関数①】**

❶ 次の式で，$y$ が $x$ の1次関数であるものはどれですか。

　㋐　$y = \dfrac{6}{x}$　　　㋑　$y = x$　　　㋒　$y = x^2 + 1$　　　㋔　$y = -2x + 3$

（　　　　　）

**【1次関数②】**

❷ 次の数量の関係で，$y$ が $x$ の1次関数であるものはどれですか。

　㋐　1辺の長さが $x$cm のひし形の周囲の長さを $y$cm とする。

　㋑　面積 $60$cm$^2$ の長方形の縦の長さが $x$cm であるとき，横の長さを $y$cm とする。

　㋒　300km 離れた目的地まで行くのに，時速 80km で $x$ 時間進んだときの残りの道のりを $y$km とする。

　㋔　半径 $x$cm の円の面積を $y$cm$^2$ とする。

（　　　　　）

**【1次関数③】**

❸ 右の図のように，直方体の形をした水そうに，一定の割合で水を入れていきました。表は，水を入れ始めてから $x$ 分後の，水そうの上のふちから水面までの長さ $y$cm を表したものです。次の問いに答えなさい。

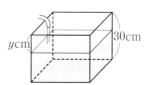

| $x$(分) | 0 | 3 | 6 | 9 | 12 | 15 |
|---|---|---|---|---|---|---|
| $y$(cm) | 30 | 24 | 18 | 12 | 6 | 0 |

□(1)　長さ $y$cm は，1分間にどんな変化をしますか。（　　　　　）

□(2)　$y$ を $x$ の式で表しなさい。（　　　　　）

□(3)　$y$ は $x$ の1次関数であるといえますか。（　　　　　）

**【1次関数④（変化の割合①）】**

❹ 次の(1)，(2) の1次関数で，$x$ の値が $-1$ から $3$ まで増加したときの $y$ の増加量と変化の割合を求めなさい。

□(1)　$y = 5x - 2$　　　　　$y$ の増加量（　　　　）　　変化の割合（　　　　）

□(2)　$y = -2x + 3$　　　　$y$ の増加量（　　　　）　　変化の割合（　　　　）

---

**ヒント**

❶
$y = ax + b$ の形で表される式が1次関数です。

**✗ ミスに注意**
$y = ax$ は，$y = ax + b$ で，$b = 0$ になっている特別な場合です。

❷
それぞれの関係を式で表してみましょう。
$y = ax + b$ の形で表される式が1次関数です。
㋒道のりは，
　（速さ）×（時間）
㋔円の面積は，
　$\pi$×（半径）×（半径）

❸
**テスト得ダネ**
$x$ に比例する数量と一定の数量との和は，1次関数で表されます。
$x$ に比例する数量
$$y = \boxed{ax} + \boxed{b}$$
　　　一定の数量
テストでは，水位や道のりの変化の問題がよく出題されます。

❹
(2)$y$ の増加量が負になることもあります。

3章

【1次関数⑤（変化の割合②）】

❺ 次の 1 次関数の変化の割合をいいなさい。

☐(1)　$y = 3x - 4$　　　☐(2)　$y = -2x + 5$　　　☐(3)　$y = \dfrac{2}{3}x + 1$

💡ヒント

❺
1次関数の式
$y = ax + b$ では，$a$ が
変化の割合となります。

【1次関数⑥（変化の割合③）】

❻ 次の 1 次関数で，$x$ の増加量が 2 のときの $y$ の増加量を求めなさい。

☐(1)　$y = 2x + 3$　　　☐(2)　$y = -3x - 1$　　　☐(3)　$y = \dfrac{1}{2}x - 4$

❻
（変化の割合）
$= \dfrac{（y \text{ の増加量}）}{（x \text{ の増加量}）}$

【1次関数のグラフ①】

❼ 次の 1 次関数のグラフは，1 次関数 $y = 3x$ のグラフを $y$ 軸の正の向きにどれだけ平行移動したものですか。

☐(1)　$y = 3x + 4$

☐(2)　$y = 3x - 2$

❼
(2)負の符号をつけて表します。

【1次関数のグラフ②】

❽ 次の 1 次関数のグラフの傾きと切片をいいなさい。

☐(1)　$y = 5x - 4$　　　　　　傾き（　　　　）　切片（　　　　）

☐(2)　$y = -\dfrac{1}{3}x + 3$　　　傾き（　　　　）　切片（　　　　）

☐(3)　$y = x + 2$　　　　　　傾き（　　　　）　切片（　　　　）

❽
傾きは，変化の割合と等しいです。切片は，$y$ 軸との交点の $y$ 座標のことで，定数項に等しいです。

【1次関数のグラフのかき方①】

❾ 次の 1 次関数のグラフを，下の図にかき入れなさい。

☐(1)　$y = 3x + 1$

☐(2)　$y = -x + 2$

☐(3)　$y = \dfrac{1}{2}x - 3$

☐(4)　$y = -\dfrac{2}{3}x - 2$

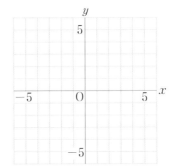

❾
切片が整数のときは，$y$ 軸上の点を決めてから，傾きの値を利用してグラフをかきます。

📖テスト得ダネ
2通りのかき方
①傾きと切片を求めてかく。
②$y$ が整数となるような適当な整数を $x$ に選び，2 点を求めてかく。

【1次関数のグラフのかき方②】

**❿** 次の1次関数で，$x$ の変域はかっこ内に示されています。このとき，これらの1次関数のグラフをかきなさい。また，それぞれ $y$ の変域を求めなさい。

☐(1)　$y = 2x - 1$　$(-1 \leqq x \leqq 2)$

　　　　$y$ の変域（　　　　　　　）

☐(2)　$y = -\dfrac{1}{3}x + 2$　$(-3 < x \leqq 3)$

　　　　$y$ の変域（　　　　　　　）

☐(3)　$y = \dfrac{1}{2}x - 3$　$(0 \leqq x < 4)$

　　　　$y$ の変域（　　　　　　　）

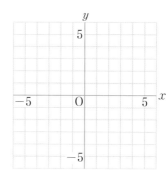

🔵ヒント

**❿**

変域の部分は実線で示し，変域にふくまれない部分は点線で示します。

【直線の式の求め方①】

**⓫** 右の図の直線(1)〜(4)の式を求めなさい。

☐(1)　（　　　　　　　）

☐(2)　（　　　　　　　）

☐(3)　（　　　　　　　）

☐(4)　（　　　　　　　）

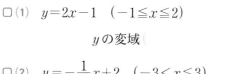
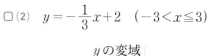

**⓫**

傾き $a$ と切片 $b$ を読み取ります。直線の式は，$y = ax + b$ となります。

【直線の式の求め方②】

**⓬** 次の直線の式を求めなさい。

☐(1)　点$(-2, 1)$を通り，傾きが2の直線

　　　　　　　　　　　　　　　　　（　　　　　）

☐(2)　点$(3, -2)$を通り，傾きが$-\dfrac{1}{3}$の直線

　　　　　　　　　　　　　　　　　（　　　　　）

☐(3)　点$(-1, -2)$を通り，直線 $y = 5x$ に平行な直線

　　　　　　　　　　　　　　　　　（　　　　　）

☐(4)　2点$(2, 3)$，$(4, 1)$を通る直線

　　　　　　　　　　　　　　　　　（　　　　　）

**⓬**

(1)〜(3)直線の式 $y = ax + b$ で，まず，傾き $a$ の数値を代入した式をつくります。次に，直線が通る点の $x$ 座標，$y$ 座標の値を代入して，$b$ を求めます。

(4)2点から，傾きを求めます。

## Step 1 | 基本チェック | 2 方程式と 1 次関数 / 3 1 次関数の利用
15分

### 教科書のたしかめ 〔 〕に入るものを答えよう！

**2 ❶ 2元1次方程式のグラフ** ▶ 教 p.87-91　Step 2 ❶-❸

**解答欄**

□(1)　2元1次方程式 $3x-y=2$ を $y$ について解くと，$y=$〔 $3x-2$ 〕

　　したがって，2元1次方程式 $3x-y=2$ のグラフは，傾きが〔 $3$ 〕，

　　切片が〔 $-2$ 〕の直線になる。

(1)

□(2)　方程式 $4y=-16$ のグラフ　　$y$ について解くと $y=$〔 $-4$ 〕

　　よって，点（〔 $0$ 〕，〔 $-4$ 〕）を通り，$x$ 軸に平行な直線である。

(2)

□(3)　方程式 $5x-25=0$ のグラフ　　$x$ について解くと $x=$〔 $5$ 〕

　　よって，点（〔 $5$ 〕，〔 $0$ 〕）を通り，$y$ 軸に平行な直線である。

(3)

**2 ❷ 連立方程式の解とグラフ** ▶ 教 p.92-93　Step 2 ❹❺

□(4)　連立方程式 $\begin{cases} x+3y=6 & \cdots\cdots① \\ 2x-y=5 & \cdots\cdots② \end{cases}$ で，①のグ

　　ラフは，図の〔 ⑦ 〕，②のグラフは，〔 ⑦ 〕

　　で表される。したがって，グラフを利用して

　　連立方程式の解を求めると，$\begin{cases} x=〔 3 〕 \\ y=〔 1 〕 \end{cases}$

(4)

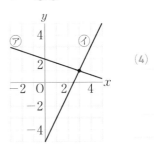

**3 ❶ 1 次関数の利用** ▶ 教 p.95-99　Step 2 ❻-❽

□(5)　右の図1のような正方形 ABCD で，点 P

　　は A を出発して，辺上を B，C を通って

　　D まで動く。点 P の動いた距離を $x$cm，

　　△PDA の面積を $y$cm² として $x$ と $y$ の関

　　係をグラフに表したものが図2である。

　　図2で，点 Q の座標は（〔 4 〕，〔 8 〕）で

　　あり，点 S の座標は（〔 12 〕，〔 0 〕）であ

　　る。直線 RS を表す式は，$y=$〔 $-2$ 〕$x+24$

　　になる。

図1

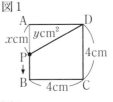

図2

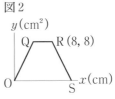

(5)

### 教科書のまとめ 　に入るものを答えよう！

□ $x$，$y$ についての2元1次方程式を $y$ について解くと，$y$ は $x$ の 1次関数 になる。

□ $a$，$b$，$c$ を定数とするとき，2元1次方程式 $ax+by+c=0$ のグラフは 直線 である。また，
　$a=0$ の場合，グラフは $x$軸に平行 な直線，$b=0$ の場合，グラフは $y$軸に平行 な直線である。

□ 2つの2元1次方程式のグラフの 交点 の $x$ 座標，$y$ 座標の組は，その2つの方程式を1組に
　した連立方程式の 解 である。

## Step 2　予想問題

## 2 方程式と 1 次関数
## 3 1 次関数の利用

**【2元 1 次方程式のグラフ①】**

❶ 次の方程式をそれぞれ $y$ について解き，そのグラフを図にかき入れなさい。

□(1)　$2x - y = 1$

（　　　　　　）

□(2)　$x + 2y = 4$

（　　　　　　）

□(3)　$2x - 3y = 6$

（　　　　　　）

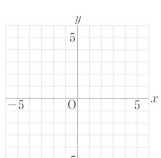

**【2元 1 次方程式のグラフ②】**

❷ 次の方程式で，それぞれ $x = 0$ のときの $y$ の値，$y = 0$ のときの $x$ の値を求め，それらを利用して，方程式のグラフを図にかき入れなさい。

□(1)　$3x + 2y = 6$

　　$x = 0$ のとき　　（　　　　　）

　　$y = 0$ のとき　　（　　　　　）

□(2)　$2x - y = 4$

　　$x = 0$ のとき　　（　　　　　）

　　$y = 0$ のとき　　（　　　　　）

□(3)　$4x - 3y = -12$

　　$x = 0$ のとき　　（　　　　　）

　　$y = 0$ のとき　　（　　　　　）

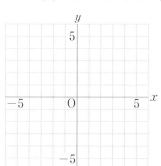

**【2元 1 次方程式のグラフ③】**

❸ 次の方程式のグラフを，図にかき入れなさい。

□(1)　$y = -2$

□(2)　$4y = 12$

□(3)　$x = 5$

□(4)　$3x + 12 = 0$

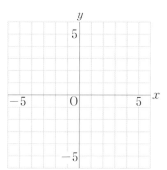

**ヒント**

❶
方程式を $y$ について解き，傾きと切片からグラフをかきます。また，グラフが通る 2 点の座標を求めてかくこともできます。

**テスト得ダネ**
$y = ax + b$ の形の式のグラフは，まず $y$ 軸上の点 $(0,\ b)$ をとり，次に傾き $a$ を利用してかきましょう。

❷
$x = 0$ のときは，$y$ 軸上の点になり，$y = 0$ のときは，$x$ 軸上の点になります。

❸
$ax + by = c$ のグラフで，$a = 0$ の場合は $x$ 軸に平行な直線，$b = 0$ の場合は $y$ 軸に平行な直線です。

【連立方程式の解とグラフ①】

❹ 次の連立方程式を，グラフを使って解きなさい。

☐(1) $\begin{cases} 3x+2y=4 & \cdots\cdots① \\ x+y=3 & \cdots\cdots② \end{cases}$

$\begin{cases} x= \\ y= \end{cases}$

☐(2) $\begin{cases} y=-\dfrac{3}{2}x+2 & \cdots\cdots③ \\ y=2x-5 & \cdots\cdots④ \end{cases}$

$\begin{cases} x= \\ y= \end{cases}$

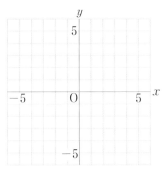

❹
(1)①，② のグラフを
かいて，2直線の交
点の座標を読み取り
ます。
(2)③ のグラフは(1)の
① と同じです。

【連立方程式の解とグラフ②】

❺ 右の図のように，2直線 $\ell$, $m$ が点 P で
交わっています。次の問いに答えなさい。

☐(1)　2直線 $\ell$, $m$ の式をそれぞれ，
$y=ax+b$ の形で表しなさい。

$\ell$ (　　　　)

$m$ (　　　　)

☐(2)　交点 P の座標を求めなさい。

P (　　　,　　　)

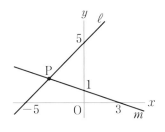

❺
(1)それぞれ，切片と傾
きを読み取ります。
$y=ax+b$ で，$a$ が
傾き，$b$ が切片です。
(2)(1)で求めた 2つの式
を連立方程式として
解きます。

【1次関数の利用①（点の移動）】

❻ 右の図の長方形 ABCD で，点 P は頂点 B
を出発し，辺上を頂点 C，頂点 D を通って
頂点 A まで動きます。点 P が頂点 B から
動いた距離を $x$ cm，△PAB の面積を
$y$ cm² として，次の問いに答えなさい。

☐(1)　$x$ と $y$ の関係をグラフに
表しなさい。

☐(2)　$x$ の変域を求めなさい。

☐(3)　$y$ の変域を求めなさい。

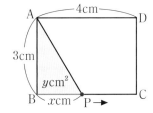

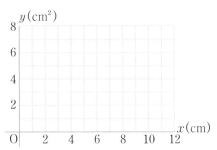

❻
(1)点 P が，「辺 BC 上
にあるとき」，「辺
CD 上にあるとき」，
「辺 DA 上にあると
き」の 3つに分けて，
式を表します。

**✕ ミスに注意**

動点の問題は，変域
に注意しましょう。
いくつかの変域があ
るときはグラフが折
れ線になる場合があ
ります。

(3)グラフから読み取り
ます。

　　　　　　　　　　　　　　　　　　[解答 ▶ p.12-13]

【1次関数の利用②（出会う時間）】

❼ A 地点から B 地点までの道のりは 4000 m あります。同じ時刻に，正人さんは A 地点から B 地点に自転車で向かい，由利さんも自転車で B 地点から A 地点に向かいました。A 地点からの道のりを $y$ m として，出発してから $x$ 分後の 2 人の位置を図のようなグラフに表しました。C，D は，10分後の 2 人の位置を示しています。次の問いに答えなさい。

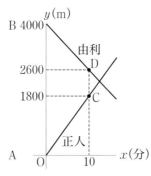

❼
(1) 出発してから 10 分後の 2 人の位置をそれぞれ読み取ります。
(2) グラフが直線なので，1 次関数の式になります。
(3) (2)でつくった 2 つの式を連立方程式として解きます。

□(1)　正人さんと由利さんの進む速さを，それぞれ求めなさい。

正人（　　　　　　）　由利（　　　　　　）

□(2)　出発してから $x$ 分後の 2 人の A 地点からの道のり $y$ m を，それぞれ $x$ の式で表しなさい。

正人（　　　　　　）　由利（　　　　　　）

□(3)　2 人が出会うのは出発してから何分後ですか。また，出会う地点は，A 地点から何 m のところですか。

（　　　　　）分後，A 地点から（　　　　　）m のところ

【1次関数の利用③（ばねののび）】

❽ ばねののびは，つるしたおもりの重さに比例します。右下のグラフは，$x$ g のおもりをつるしたときのばね A，B の長さを $y$ mm として表したものです。ばね A，B は，10 g のおもりをつるすと，それぞれ 6 mm，2 mm のびるものとして，次の問いに答えなさい。

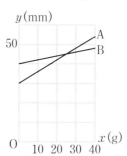

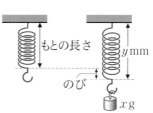

❽
(1) グラフ A，B で，$x=0$ のときの $y$ の値をそれぞれ読み取ります。
(2) $y=ax+b$ の形の式をそれぞれつくり，連立方程式として解きます。傾きの $a$ は，おもり 1 g あたりのばねののびを表します。

□(1)　何もつるさないときのばね A，B の長さは何 mm ですか。

ばね A（　　　　　　）
ばね B（　　　　　　）

□(2)　2 つのばねの長さが等しくなるのは，何 g のおもりをつるしたときですか。また，そのときのばねの長さは何 mm ですか。

おもりの重さ（　　　　　），ばねの長さ（　　　　　）

## Step 3　予想テスト　3章 1次関数

⏱ 30分　／100点　目標80点

**❶** 次の式で，$y$ が $x$ の 1 次関数であるものはどれですか。🈡　6点

☐
　㋐　$y = \dfrac{8}{x}$　　　　㋑　$y = -x + 3$　　　　㋒　$y = \dfrac{1}{2}x - 2$　　　　㋓　$y = x^2$

**❷** 次の 1 次関数 $y = -\dfrac{2}{3}x + 2$ について，次の問いに答えなさい。🈡 🈟　12点(各4点)

☐(1)　$x$ が $-1$ から 5 まで増加するときの $y$ の増加量を求めなさい。

☐(2)　変化の割合を求めなさい。

☐(3)　$x$ の変域が $-3 \leq x \leq 6$ のときの $y$ の変域を求めなさい。

**❸** 右の図について，次の問いに答えなさい。🈡 🈟　28点(各4点)

☐(1)　直線 ①〜④ の式を求めなさい。

☐(2)　直線 ①，③ の交点の座標を求めなさい。

☐(3)　直線 ① は，あるグラフを $y$ 軸の正の向きに $-2$ だけ
　　　平行移動したグラフである。そのグラフを，解答欄の
　　　図にかき入れなさい。

☐(4)　方程式 $2x + 3y = 6$ のグラフを，解答欄の図にかき入
　　　れなさい。

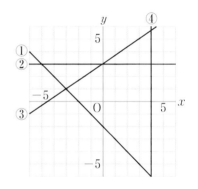

**❹** 次の 1 次関数や直線の式を求めなさい。🈡 🈟　20点(各5点)

☐(1)　$x = 1$ のとき $y = 2$ で，変化の割合が 5 である 1 次関数

☐(2)　傾きが $-2$ で，切片が 3 である直線

☐(3)　点 $(2,\ 1)$ を通り，直線 $y = 2x + 3$ に平行な直線

☐(4)　2 点 $(-3,\ 5)$，$(6,\ 2)$ を通る直線

**❺** ばねにおもりをつるし，ばねの長さを調べました。30 g，50 g のおもりをつるすと，ばねの
長さは，それぞれ 20.4 cm，22 cm になりました。ばねののびはおもりの重さに比例するも
のとして，次の問いに答えなさい。🈡 🈟　10点(各5点)

☐(1)　おもりをつるさないときのばねの長さは何 cm ですか。

☐(2)　80 g のおもりをつるすと，ばねの長さは何 cm になりますか。

**6** 香織さんは，家から $600\,\mathrm{m}$ 離れた駅に歩いて向かいました。香織さんが出発して $6$ 分後に，兄が分速 $180\,\mathrm{m}$ の速さで，自転車で駅に向かいました。右のグラフは，家からの道のりを $y\,\mathrm{m}$ として，香織さんが家を出てから $x$ 分後に $2$ 人が進んだようすを表したものです。次の問いに答えなさい。 **知** **考** 12点(各6点)

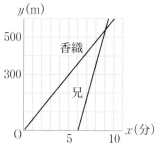

- (1) 兄について，$y$ を $x$ の式で表しなさい。
- (2) 兄は，家を出てから何分後に香織さんを追い越しましたか。また，家から何 $\mathrm{m}$ の地点ですか。

**7** 右の図のような直角三角形 ABC で，点 P は B を出発して，辺上の C を通って A まで動きます。点 P が B から $x\,\mathrm{cm}$ 動いたときの $\triangle$ ABP の面積を $y\,\mathrm{cm}^2$ として，次の問いに答えなさい。 **考** 12点(各6点)

- (1) $x$ の変域によって場合分けをして，$y$ を $x$ の式で表しなさい。
- (2) グラフを解答欄の図にかき入れなさい。

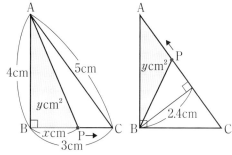

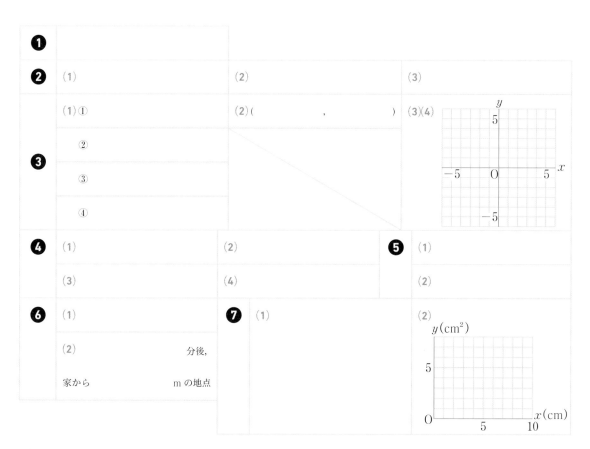

**Step 1** | **基本チェック** | **1 いろいろな角と多角形**

15分

## 教科書のたしかめ　　　　に入るものを答えよう！

**① いろいろな角**　▶ 教 p.110-114　Step 2 **❶**-**❹**

**解答欄**

□(1) 右の図で, ∠$a$ の対頂角は［ ∠$c$ ］, ∠$b$ の
同位角は［ ∠$f$ ］, ∠$e$ の錯角は［ ∠$c$ ］

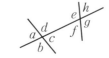

(1)

□(2) 右の図で, 直線 $\ell$ と $m$ が平行のとき,

∠$x$＝［ 70° ］, ∠$y$＝［ 130° ］

(2)

□(3) 右の図で, ∠$a$＝∠$b$ のとき, 直線 $\ell$, $m$ の関係を
記号を使って表すと, ［ $\ell /\!/ m$ ］

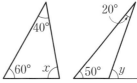

(3)

**② 三角形の角**　▶ 教 p.115-117　Step 2 **❺❻**

□(4) 右の図で, $x$＝［ 80° ］, $y$＝［ 70° ］

(4)

□(5) 35°, 90°, 120° のうち, 鋭角は［ 35° ］,
鈍角は［ 120° ］

(5)

□(6) 3つの内角が 35°, 60°, 85° である三角
形は［ 鋭角 ］三角形, 35°, 55°, 90° である三角形は［ 直角三角形 ］,
15°, 20°, 145° である三角形は［ 鈍角 ］三角形である。

(6)

**③ 多角形の角**　▶ 教 p.118-123　Step 2 **❼❽**

□(7) 正六角形の内角の和は, 180°×（［ 6−2 ］）＝［ 720° ］, 1つの内
角の大きさは［ 120° ］, 外角の和は［ 360° ］である。

(7)

□(8) 内角の和が 1800° である多角形は, ［ 十二角形 ］である。

(8)

□(9) 1つの外角が 36° である正多角形は, 正［ 十 ］角形である。

(9)

## 教科書のまとめ　　　　に入るものを答えよう！

□右の図で, ∠$a$ と ∠$c$ のように, 向かい合った2つの角を 対頂角 といい,
対頂角 は等しい。∠$d$ と ∠$h$ のような位置にある2つの角を 同位角 という。
∠$b$ と ∠$h$ のような位置にある2つの角を 錯角 という。

□**平行線の性質**　2直線に1つの直線が交わるとき, 2直線が 平行 ならば, 同位角 ・ 錯角 は
等しい。

□**平行線になるための条件**　2直線に1つの直線が交わるとき, 同位角 または 錯角 が等しい
ならば, 2直線は 平行 である。

□三角形の外角は, これととなり合わない 2つの内角の和 に等しい。

□ $n$ 角形の内角の和は, 180°×$(n−2)$, 多角形の外角の和は, 360° である。

## Step 2 予想問題　1 いろいろな角と多角形

1ページ
30分

### 【いろいろな角①（対頂角）】

**❶** 右の図のように，3直線が1点で交わっています。$\angle x$，$\angle y$，$\angle z$ の大きさを求めなさい。

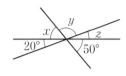

**❶**
対頂角（向かい合った
2つの角）は等しいです。

$$\angle x= (\qquad\qquad),\ \angle y= (\qquad\qquad),\ \angle z= (\qquad\qquad)$$

### 【いろいろな角②（平行線と角①）】

**❷** 右の図のように，3本の直線 $\ell$，$m$，$n$ に
2本の直線が交わっています。次の問いに
答えなさい。

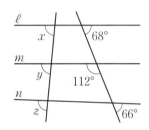

**❷**
同位角または錯角が等
しければ，2直線は平
行となります。

❌ ミスに注意

平行線になるための
条件は，しっかりお
ぼえましょう。

□(1)　平行線はどれですか。平行の記号を
使って表しなさい。

（　　　　　　　　　　　）

□(2)　$\angle x$，$\angle y$，$\angle z$ のうち等しい角はどれとどれですか。

（　　　　　　　　　　　）

### 【いろいろな角③（平行線と角②）】

**❸** 右の図の直線 $\ell$，$m$，$n$ で，$\ell \parallel m$ のとき，
$\angle a + \angle b = 180°$ となることを，次のように
説明しました。　　にあてはまる式や角を
答えなさい。

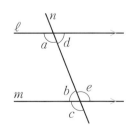

**❸**
平行線ならば同位角，
錯角は等しいです。
(1) 2つの角の和を表す
式が入ります。

❌ ミスに注意

同位角，錯角が等し
くなるのは，平行線
の場合だけです。

**説明**

$n$ は直線だから，□(1)（　　　　　　）$= 180°$
平行線の同位角は等しいから，
$\angle c = $□(2)（　　　　　　）
したがって，□(3)（　　　　　　）$= 180°$

【いろいろな角④（平行線と角③）】

**4** 次の図で，∠x，∠y の大きさを求めなさい。

**❹**

対頂角，平行線の同位
角・錯角を見つけ，図
にかきこみながら考え
ましょう。

□(1)　ℓ // m

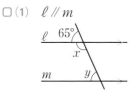

∠x=

∠y=

□(2)　ℓ // m

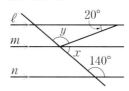

∠x=

∠y=

□(3)　ℓ // m

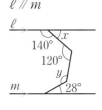

∠x=

∠y=

□(4)　ℓ // m // n

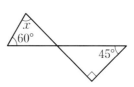

∠x=

∠y=

【三角形の角①（三角形の内角と外角）】

**5** 次の図で，∠x の大きさを求めなさい。

**❺**

「三角形の内角の和は
180°」，「三角形の外角
は，これととなり合わ
ない 2 つの内角の和に
等しい」，「平行線の性
質（同位角や錯角）」な
どを利用します。
⑷2つの三角形に共通
　な外角に着目します。
⑹図の 35°の同位角に
　着目します。

□(1)

□(2)

□(3)

□(4)

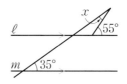

□(5)　ℓ // m

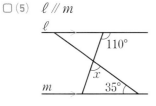

□(6)　ℓ // m

［解答 ▶ p.16］

【三角形の角②】

💡ヒント

**6** 三角形で，2 つの内角が次のような大きさのとき，その三角形は，鋭角三角形，直角三角形，鈍角三角形のどれになりますか。

□(1)　60°, 10°　　　□(2)　40°, 50°　　　□(3)　50°, 60°

❻
残り 1 つの内角の大きさを求めて考えます。

(　　　　　　)　(　　　　　　)　(　　　　　　)

【多角形の角①（多角形の内角と外角①）】

**7** 次の図で，∠$x$ の大きさを求めなさい。

□(1)
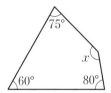

□(2)
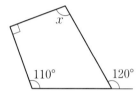

❼
$n$ 角形の内角の和は
$180° \times (n-2)$，
外角の和は 360° です。

📘テスト得ダネ
多角形の内角や外角を求める問題はよく出題されます。多角形の内角の和，外角の和の公式をしっかりおぼえましょう。

□(3)
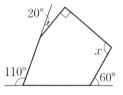

□(4)

(　　　　　　)　(　　　　　　)

【多角形の角②（多角形の内角と外角②）】

**8** 次の角の大きさを求めなさい。

□(1)　八角形の内角の和

❽
$n$ 角形の内角の和は
$180° \times (n-2)$，
外角の和は 360° です。
(2)内角の和を 10 でわります。

(　　　　　　)

□(2)　正十角形の 1 つの内角の大きさ

(　　　　　　)

□(3)　正二十角形の 1 つの外角の大きさ

(　　　　　　)

□(4)　内角の和が 2340° である正多角形の 1 つの外角の大きさ

(　　　　　　)

## Step 1 基本チェック ● 2 図形の合同

15分

## 教科書のたしかめ　[ ]に入るものを答えよう！

### ❶ 合同な図形　▶教 p.125-126　Step 2 ❶

解答欄

□(1) 右の図で，四角形 ABCD≡四角形 EFGH であるとき，AB＝[ EF ]，BD＝[ FH ]，∠ACD＝[ ∠EGH ]

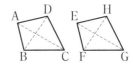

(1)

□(2) 右の図で，△ABC≡△DEF であるとき，DF＝[ AC ]＝[ 3 ]cm
∠E＝[ ∠B ]＝[ 75 ]°

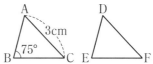

(2)

### ❷ 三角形の合同条件　▶教 p.127-129　Step 2 ❷❸

□(3) 右の図で，2つの三角形が合同であることを記号を使って表すと，[ △ABC≡△ADC ]
このときの合同条件は，
[ 2組の辺とその間の角 ]がそれぞれ等しい。

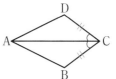

(3)

### ❸ 図形の性質の確かめ方　▶教 p.130-139　Step 2 ❹-❾

□(4) 次の(1)，(2)のことがらで，仮定と結論をいいなさい。
(1) △ABC≡△DEF ならば，∠BAC＝∠EDF である。
仮定[ △ABC≡△DEF ]，結論[ ∠BAC＝∠EDF ]

(4)

(2) △ABC において，AB＝AC ならば，∠B＝∠C である。
仮定[ AB＝AC ]，結論[ ∠B＝∠C ]

□(5) ことがら「x が9の倍数ならば，x は3の倍数である」の逆は，
x が[ 3の倍数 ]ならば，x は[ 9の倍数 ]である。

(5)

- - - - - - - - - - - - - - - - - - - - - - - - - - - - - - - - - - - - - - - - - - - - - - - - - - - - - - - - -

## 教科書のまとめ　　に入るものを答えよう！

□ 合同な図形の性質　合同な図形では，対応する 線分 の長さや 角 の大きさはそれぞれ等しい。

□ 三角形の合同条件　2つの三角形は，次のどれかが成り立つとき合同である。
①3組の辺 がそれぞれ等しい。　　②2組の辺とその間の角 がそれぞれ等しい。
③1組の辺とその両端の角 がそれぞれ等しい。

□ あることがらが正しいことを，すでに正しいと認められたことがらを根拠にして，筋道を立てて説明することを 証明 という。また，証明 することがらが，「P ならば Q である」と表されているとき，P の部分を 仮定 ，Q の部分を 結論 という。

□ あることがらが正しくないことを示すには，それが成り立たない例を1つあげればよい。このような成り立たない例を 反例 という。

**Step 2** 予想問題 : **2 図形の合同**

1ページ
30分

【合同な図形】

❶ 右の図で，2つの四角形が合同である
とき，次の問いに答えなさい。

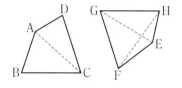

□(1) 辺 CD に対応する辺をいいなさい。
（　　　　　）

□(2) ∠DAC に対応する角をいいなさい。（　　　）

□(3) 線分 AC に対応する線分をいいなさい。（　　　）

**ヒント**

❶
角の大きさ，辺の長さ
などから，対応する頂
点を見つけます。

❌ **ミスに注意**
合同な図形の頂点は
対応する順に書きま
しょう。

4章

【三角形の合同条件①】

❷ 次の図で，合同な三角形はどれとどれですか。また，そのときの合同
□ 条件を，次の ①〜③ から選んで答えなさい。

　　合同条件　①　3組の辺がそれぞれ等しい。

　　　　　　　②　2組の辺とその間の角がそれぞれ等しい。

　　　　　　　③　1組の辺とその両端の角がそれぞれ等しい。

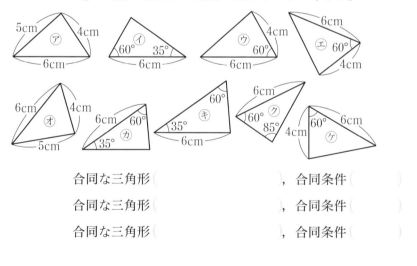

　　　　合同な三角形（　　　　　），合同条件（　　　）

　　　　合同な三角形（　　　　　），合同条件（　　　）

　　　　合同な三角形（　　　　　），合同条件（　　　）

❷
合同条件にあてはめて
考えます。対称移動
（裏返す）させて重ね合
わせることができる三
角形もあります。

📋 **テスト得ダネ**
三角形で，2つの角
がわかると，もう1
つの角も求められる
ことに着目しましょ
う。

【三角形の合同条件②】

❸ 右の図で，AD∥BC，AD＝BC のとき，合同
□ な三角形はどれとどれですか。記号 ≡ を
使って表しなさい。また，そのときの合同条
件を❷の ①〜③ から選んで答えなさい。

　　　　合同な三角形（　　　　　），合同条件（　　　）

❸
合同な図形を見つける
ときには，見た目では
なく，根拠となる辺の
長さや角の大きさが等
しいかをきちんと確か
めましょう。

【図形の性質の確かめ方①（仮定と結論①）】

❹ 次のことがらの仮定と結論をいいなさい。

□(1)　△ABC で，AB＝AC ならば，∠B＝∠C である。

仮定 ⌈　　　　　　　　　　　　⌋，結論 ⌈

□(2)　$a$，$b$ が連続する自然数ならば，$a＋b$ は奇数である。

仮定 ⌈　　　　　　　　　　　　⌋，結論 ⌈

【図形の性質の確かめ方②（仮定と結論②）】

点UP

❺ 次のことがらを図に表し，仮定と結論をいいなさい。
□

| ∠XOY の二等分線上の点 P から，辺 OX，OY に引いた垂線の交点をそれぞれ A，B とすると，PA＝PB である。 | |
|---|---|

仮定 ⌈　　　　　　　　　　　　　　　⌋，結論 ⌈

【図形の性質の確かめ方③（証明①）】

よく出る

❻ 右の図の二等辺三角形 ABC で，頂点 A の二等分線と辺 BC との交点を M とすると，BM＝CM となります。次の問いに答えなさい。

□(1)　仮定と結論をいいなさい。

仮定 ⌈

結論 ⌈

□(2)　仮定から結論を導くには，どの三角形とどの三角形の合同をいえばよいですか。

□(3)　□をうめて，次の証明を完成させなさい。ただし，㊣には，三角形の合同条件が入ります。

**証明** △ABM と ㋐ □□□□ において，

仮定から，　　　　　　　　　　AB＝ ㋑ □□□□　　……①

　　　　　　　　　　　∠BAM＝ ㋒ □□□□　　……②

共通な辺だから，　　　　　AM＝AM　　……③

①，②，③ より，㊣ □□□□□□□□□□ から，

△ABM≡ ㋕ □□□□

合同な図形の ㋖ □□□□□ は等しいから，BM＝ ㋗ □□□

❹

「〜ならば，…である」
という形式のときは，
　〜の部分が仮定
　…の部分が結論

❺

仮定は 3 つあります。
角の二等分線なので，
2 つの角の大きさが等
しいことがいえます。
垂直に交わるところは，
垂直の記号を使っても，
角度で表しても，どち
らでもよいです。

❻

(1)仮定は 2 つあります。
　図に記号で示されて
　いることを式で表し
　ます。

**テスト得ダネ**

仮定と結論を答えて
から証明をする問題
はよく出ます。仮定
と結論をしっかり確
認してから証明する
習慣をつけましょう。
証明問題では，どの
合同条件を使ってい
るかも問われます。
三角形の合同条件は，
正確におぼえておき
ましょう。

【図形の性質の確かめ方④(証明②)】

❼ 右の図で，AB＝DC，AC＝DB ならば，
∠BAC＝∠CDB であることを証明しな
さい。

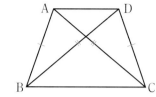

❼ ヒント

❼
AB＝DC，AC＝DB
が仮定で，
∠BAC＝∠CDB が結
論です。

❌ ミスに注意

合同であることを証
明する 2 つの三角形
を，選びまちがえな
いように気をつけま
しょう。

【図形の性質の確かめ方⑤(証明③)】

❽ 右の図のように，平行な 2 直線 $\ell$，$m$ の $\ell$ 上
に点 A，P を，$m$ 上に点 B，Q を AP＝BQ
となるようにとります。AB と PQ との交点
を O とすると，AO＝BO となることを証明
しなさい。

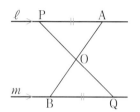

❽
平行線の同位角，錯角
は等しくなります。

📋 テスト得ダネ

結論は，かならず問
題の中に書かれてい
ます。根拠となるこ
とがらは，問題の中
に書かれている場合
や書かれていない場
合があるので注意し
ましょう。

【図形の性質の確かめ方⑥(逆，反例)】

❾ 次のことがらの逆をいいなさい。また，それが正しいかどうかを調べ
なさい。正しくない場合は，反例をあげて示しなさい。

☐(1)　鈍角三角形では，1 つの内角は 90°より大きい。

逆（　　　　　　　　　　　　　　　　　　　　　）

正誤(反例)（　　　　　　　　　　　　　　　　　）

☐(2)　$a>7$ ならば，$a>5$ である。

逆（　　　　　　　　　　　　　　　　　　　　　）

正誤(反例)（　　　　　　　　　　　　　　　　　）

☐(3)　正方形の 4 つの辺は等しい。

逆（　　　　　　　　　　　　　　　　　　　　　）

正誤(反例)（　　　　　　　　　　　　　　　　　）

❾
仮定と結論を入れかえ
て逆をつくります。
成り立たないときは，
反例(そのことがらが
成り立たない具体例)
を示すことが必要です。

📋 テスト得ダネ

もとのことがらが正
しくても，その逆は
正しくないことがあ
ります。

## Step 3 予想テスト　4章 図形の性質の調べ方

30分　目標80点　／100点

❶ 次の図で，∠x の大きさを求めなさい。ただし，(1)〜(5)では，ℓ∥m とし，同じ印をつけた角は等しいとします。知　24点(各3点)

□(1)

□(2)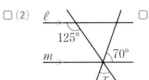

□(3)

□(4)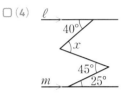

□(5)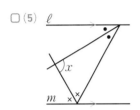

□(6)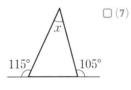

□(7)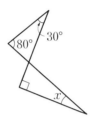

□(8)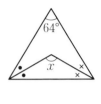

❷ 次の問いに答えなさい。知　16点(各4点)

□(1) 正十六角形の1つの外角の大きさを求めなさい。

□(2) 正二十角形の内角の和を求めなさい。

□(3) 1つの外角の大きさが45°であるのは正何角形ですか。

□(4) 内角の和が1800°の多角形は何角形ですか。

❸ 右の図で，正五角形 ABCDE の頂点 A，D は，それぞれ平行な2直線 ℓ，m 上にあります。また，DE の延長と直線 ℓ との交点を F とします。次の問いに答えなさい。考　16点(各4点)

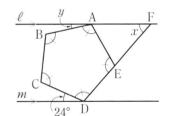

□(1) 正五角形 ABCDE の1つの外角の大きさを求めなさい。

□(2) 正五角形 ABCDE の1つの内角の大きさを求めなさい。

□(3) ∠x の大きさを求めなさい。

□(4) ∠y の大きさを求めなさい。

❹ 次のことがらの仮定と結論をいいなさい。知　9点(各完答，各3点)

□(1) △ABC で，∠B＝∠C ならば，AB＝AC である。

□(2) △ABC で，∠A＋∠B＝90°ならば，∠C＝90°である。

□(3) x＞0，y＜0 ならば，xy＜0 である。

**❺** 次のことがらの逆をいいなさい。また，それが正しいかどうかを調べ，正しくないときは，それが成り立たない例（反例）をあげなさい。【考】

☐(1) 2つの三角形が合同ならば，対応する3辺はそれぞれ等しい。

☐(2) $a<0$，$b<0$ ならば，$a+b<0$ である。

☐(3) 平行四辺形の2組の対辺の長さはそれぞれ等しい。

☐(4) $x<0$，$y>0$ ならば，$xy<0$ である。

**❻** 右の図の △ABC で，辺 AB，BC の垂直二等分線の交点を O とすると，OA＝OB＝OC になります。次の問いに答えなさい。【考】　15点（各完答，各5点）

☐(1) 仮定と結論を，等号 ＝ や，垂直の記号 ⊥ を使って表しなさい。

☐(2) 仮定から結論を導くのに，どの三角形とどの三角形の合同をいえばよいですか。2組答えなさい。

☐(3) OA＝OB を証明しなさい。

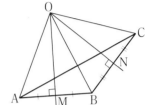

4章

| ❶ | (1) | (2) | (3) | (4) |
|---|---|---|---|---|
| | (5) | (6) | (7) | (8) |
| ❷ | (1) | (2) | (3) | (4) |
| ❸ | (1) | (2) | (3) | (4) |

| ❹ | (1)(仮定) | | (結論) | |
|---|---|---|---|---|
| | (2)(仮定) | | (結論) | |
| | (3)(仮定) | | (結論) | |

| ❺ | (1)(逆) | | (正誤・反例) | |
|---|---|---|---|---|
| | (2)(逆) | | (正誤・反例) | |
| | (3)(逆) | | (正誤・反例) | |
| | (4)(逆) | | (正誤・反例) | |

| ❻ | (1)(仮定) | | (結論) | |
|---|---|---|---|---|
| | (2) | | | |
| | (3) | | | |

**Step 1 基本チェック** **1 三角形** 15分

## 教科書のたしかめ 〔 〕に入るものを答えよう！

**1 二等辺三角形** ▶教 p.148-154 Step 2 ❶-❹

解答欄

□(1) 右の図で，AB＝AC，DA＝DB であるとき，
∠CAB＝〔 40° 〕，∠ACB＝〔 70° 〕，
∠CBD＝〔 30° 〕

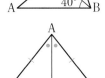

(1)

□(2) 右の図の ∠A を頂角とする二等辺三角形
ABC で，∠A の二等分線と底辺 BC との
交点を D とすると，
AD〔 ⊥ 〕BC，BD〔 ＝ 〕CD が成り立つ。

(2)

□(3) 右の図の △ABC は，∠B＝〔 65° 〕＝∠〔 C 〕
だから，〔 AB＝AC 〕の〔 二等辺三角形 〕である。

(3)

**2 直角三角形の合同** ▶教 p.155-157 Step 2 ❺❻

右の㋐～㋒は，いずれも合同な直角三角形である。

□(4) ㋐と㋑において，直角三角形の合同条件
「斜辺と〔 他の1辺 〕がそれぞれ等しい。」
が成り立つ。

(4)

□(5) ㋐と㋒において，直角三角形の合同条件
「斜辺と〔 1つの鋭角 〕がそれぞれ等しい。」
が成り立つ。

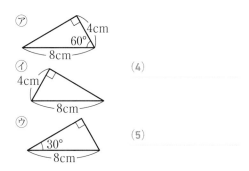

(5)

## 教科書のまとめ ＿＿に入るものを答えよう！

□ 用語の意味をはっきり述べたものを，その用語の 定義 という。

□ 二等辺三角形で，長さの等しい2つの辺がつくる角を 頂角 ，頂角に対する辺を 底辺 ，底辺
の両端の角を 底角 という。

□ 二等辺三角形の 頂角 の二等分線は，底辺 を垂直に 2等分 する。

□ 二等辺三角形の定義は，「2つの 辺 が等しい三角形」である。

□ 正三角形の定義は，「3つの 辺 が等しい三角形」である。

□ 正しいことが証明されたことがらのうち，証明の 根拠 として，特によく利用されるものを
定理 という。

□ 2つの直角三角形は，次のどちらかが1つ成り立てば合同である。

①斜辺と1つの 鋭角 がそれぞれ等しい。 ②斜辺と他の 1辺 がそれぞれ等しい。

## Step 2　予想問題　1 三角形

【二等辺三角形①（図形の定義）】

❶ 次の図形の定義をいいなさい。

☐(1)　正三角形　（　　　　　　　　　　　）

☐(2)　直角三角形　（　　　　　　　　　　　）

【二等辺三角形②】

❷ 次の図で，同じ印をつけた辺は等しいとして，∠$x$，∠$y$ の大きさを求めなさい。

☐(1) 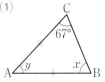　　☐(2) 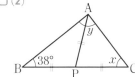　　☐(3)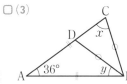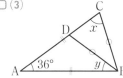

∠$x=$（　　　　）　　∠$x=$（　　　　）　　∠$x=$（　　　　）

∠$y=$（　　　　）　　∠$y=$（　　　　）　　∠$y=$（　　　　）

【二等辺三角形③（二等辺三角形であることの証明）】

❸ △ABC で，∠B＝∠C ならば，AB＝AC であることを，次のように証明します。（　）をうめて，証明を完成させなさい。ただし，(4)には三角形の合同条件が入ります。

【証明】　頂点 A から辺 BC に垂線 AD をひく。

△ABD と △ACD において，

仮定から，　　　　　　　　∠ABD＝ ☐(1)　　……①

AD⊥BC であるから，　　　∠ADB＝ ☐(2)　　……②

三角形の内角の和は 180°であるから，①，②より，

　　　　　　　　　　　∠BAD＝ ☐(3)　　……③

また，共通な辺だから，　　　AD＝AD　　……④

②，③，④より，☐(4)（　　　　　　　　　）から，

△ABD≡ ☐(5)（　　　　　）

合同な図形の ☐(6)（　　　　　）は等しいから，AB＝ ☐(7)（　　　）

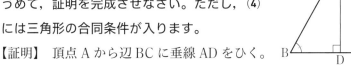

ヒント

❶
### ✖ ミスに注意
図形の定義と図形の性質は違います。しっかり区別しましょう。

❷
(2)まず，∠APC を求めます。

(3)二等辺三角形の2つの底角は等しいことを利用します。

5章

❸
対応する図形の関係に気をつけて，辺や角を書きます。

### 📋 テスト得ダネ
仮定と結論をしっかり確認してから証明する習慣をつけましょう。この問題では，どの合同条件を使っているかも問われています。三角形の合同条件は，正確におぼえておきましょう。

【二等辺三角形④(正三角形の性質)】

**4** 正三角形ABCで，2辺BC，CA上にCD＝AEとなるように点D，Eをとります。ADとBEの交点をPとするとき，次の問いに答えなさい。

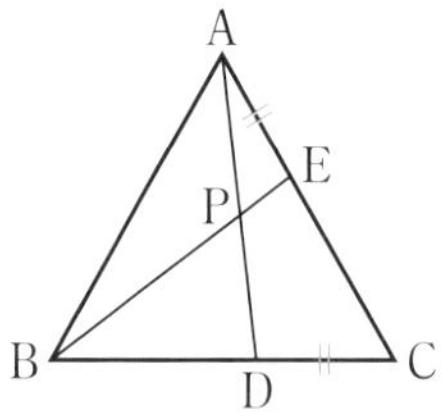


□(1)　△ABE≡△CADを証明しなさい。

□(2)　∠APBの大きさを求めなさい。

ヒント

**4**

(1)正三角形はすべての辺の長さと角の大きさが等しい三角形です。

(2)∠APBは，△APEの頂点Pにおける外角です。

【直角三角形の合同①】

よく出る

**5** ∠B＝90°の直角三角形ABCの斜辺ACの中点をDとします。Dを通る辺BCの平行線と辺ABとの交点をE，辺ABの平行線と辺BCとの交点をFとします。このとき，ED＝FCになることを証明します。　　をうめて，証明を完成させなさい。

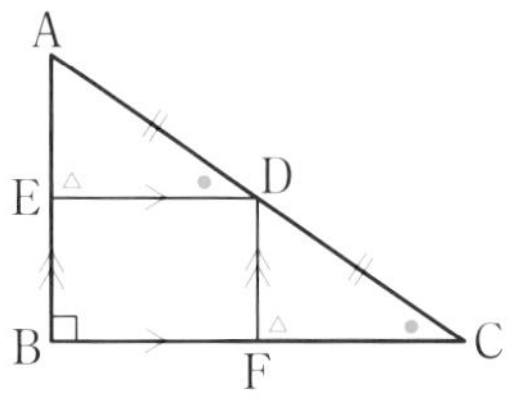


**証明** △AEDと□(1)　　　　において，

仮定から，　　　　AD＝□(2)　　　　……①

平行線の□(3)　　　　は等しいから，

∠ADE＝□(4)　　　　……②

∠AED＝∠ABC＝90°　　……③

□(5)　　　　＝∠ABC＝90°　　……④

①，②，③，④より，2つの三角形△AEDと△DFCは直角三角形で，

斜辺と□(6)　　　　がそれぞれ等しいから，

△AED≡□(7)

したがって，ED＝□(8)

**5**

対応する図形の関係に気をつけて，辺や角を書きます。

(3)角についてのことばが入ります。

(6)直角三角形の合同条件が入ります。

【直角三角形の合同②】

**6** □ Aを頂点とする二等辺三角形ABCで，Bから辺ACに垂線BE，Cから辺ABに垂線CDを引くと，BD＝CEとなることを証明しなさい。

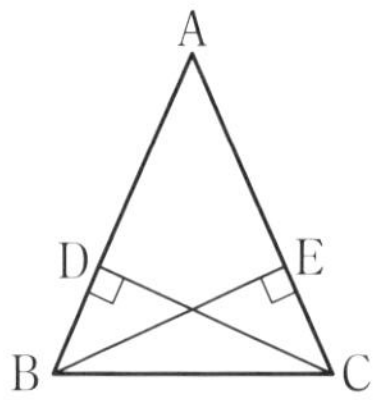


**6**

二等辺三角形の底角の性質を使って証明します。

## Step 1 基本チェック　2 四角形

15分

## 教科書のたしかめ　[ ]に入るものを答えよう！

### ❶ 平行四辺形の性質　▶教 p.159-162　Step 2 ❶❷

解答欄

□(1) 平行四辺形には，次の性質がある。

①2組の対辺（たいへん）はそれぞれ等しい。

②2組の[ 対角 ]はそれぞれ等しい。

③2つの対角線はそれぞれの[ 中点 ]で交わる。

(1)

□(2) 下の平行四辺形で，$x$，$y$ の値を求めなさい。

　　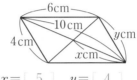

㋐ $x=$[ 25 ]　$y=$[ 115 ]　㋑ $x=$[ 5 ]　$y=$[ 4 ]

(2)㋐

　㋑

### ❷ 平行四辺形になるための条件　▶教 p.163-166　Step 2 ❸❹

□(3) 右の四角形が平行四辺形になるようにしなさい。

㋐ AB＝DC，[ AD ]＝[ BC ]

㋑ ∠ABC＝∠CDA，∠BAD＝[ ∠DCB ]

㋒ AD∥[ BC ]，AD＝[ BC ]

㋓ AO＝[ CO ]，BO＝[ DO ]

(3)㋐

　㋑

　㋒

　㋓

### ❸ 特別な平行四辺形　▶教 p.167-169　Step 2 ❺-❼

□(4) ▱ABCD に ∠A＝90° の条件を加えると[ 長方形 ]になる。

(4)

□(5) ▱ABCD に AB＝BC の条件を加えると[ ひし形 ]になる。

(5)

□(6) ▱ABCD に長方形とひし形の性質を加えると[ 正方形 ]になる。

(6)

## 教科書のまとめ　____に入るものを答えよう！

□ 四角形の向かい合う辺を 対辺，向かい合う角を 対角 という。

□ 平行四辺形になるための条件　…四角形は，次のどれか1つが成り立てば，平行四辺形である。

①2組の対辺がそれぞれ 平行 である。（定義）

②2組の対辺がそれぞれ等しい。

③2組の 対角 がそれぞれ等しい。

④2つの対角線がそれぞれの 中点 で交わる。　⑤1組の対辺が 平行 で等しい。

□ 長方形の定義　4つの角 が 等しい 四角形。

□ ひし形の定義　4つの辺 が 等しい 四角形。

□ 正方形の定義　4つの角 が等しく，4つの辺 が等しい四角形。

**Step 2** 予想問題 ：**2 四角形**

1ページ
30分

【平行四辺形の性質①】

❶ ▱ABCD で，2組の対角がそれぞれ等しい
ことを，次のように証明しました。□を
うめて，証明を完成させなさい。ただし，
(4)には三角形の合同条件，(8)には結論が
入ります。

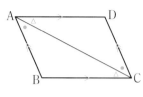

**証明** 対角線 AC を引く。△ABC と △CDA において，

平行線の錯角は等しいから，　∠BAC＝ □(1)　……①

　　　　　　　　　　　　　　∠BCA＝ □(2)　……②

共通な辺だから，　　　　　　AC＝ □(3)　……③

①，②，③より，□(4)　　　　　　　　から，

△ABC≡△CDA

対応する角は等しいから，∠ABC＝ □(5)

同様にして，△ABD≡ □(6)　　　より，

∠BAD＝ □(7)

したがって，平行四辺形の □(8)

**ヒント**

❶
対応する図形の関係に
気をつけて，辺や角を
書きます。

📄 テスト得ダネ
平行四辺形の性質を
証明するときには，
平行線の性質「同位
角は等しい」，「錯角
は等しい」がよく使
われます。

【平行四辺形の性質②】

❷ 次の図の平行四辺形で，$x$，$y$ の値を求めなさい。

□(1)
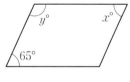

□(2)
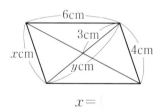

$x＝$（　　　）
$y＝$（　　　）

$x＝$（　　　）
$y＝$（　　　）

❷
(1)平行四辺形では，2
組の対角はそれぞれ
等しいです。
(2)平行四辺形では，2
つの対角線はそれぞ
れの中点で交わりま
す。

【平行四辺形になるための条件①】

❸ 次の㋐～㋒のうち，四角形 ABCD が平行四辺形であるといえるもの
□ をすべて答えなさい。

　㋐　AB＝5cm，BC＝7cm，CD＝5cm，DA＝7cm

　㋑　∠A＝60°，∠B＝120°，∠C＝120°，∠D＝60°

　㋒　AB＝6cm，CD＝6cm，∠A＝105°，∠D＝75°

❸
平行四辺形になる条件
にあてはまるかどうか
を調べましょう。

【平行四辺形になるための条件②（平行四辺形であることの証明）】

**❹** 右の図のように，▱ABCD で，辺 AD を 3
等分する点の 1 つを E，辺 BC を 3 等分す
る点の 1 つを F とするとき，四角形 AFCE
が平行四辺形となることを証明しなさい。

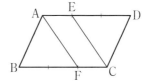
**❹**
平行四辺形になるため
の条件「1 組の対辺が
平行で等しい」を使い
ます。

---

【特別な平行四辺形①】

**❺** 次の定義によって表される四角形の名前を書きなさい。

☐(1)　4 つの辺が等しい四角形　　　（　　　　　）

☐(2)　4 つの角が等しい四角形　　　（　　　　　）

☐(3)　4 つの角が等しく，4 つの辺が等しい四角形（　　　　　）

**❺**

🔖**テスト得ダネ**
図形の定義は，しっ
かりおぼえておきま
しょう。

---

【特別な平行四辺形②】

**❻** ▱ABCD で，次の条件を加えるとどんな四
角形になりますか。ただし，O は対角線の
交点です。

☐(1)　OA＝OB　　　　　　　　　　（　　　　　）

☐(2)　∠AOB＝∠AOD　　　　　　　（　　　　　）

☐(3)　AB＝BC，AC＝BD　　　　　　（　　　　　）

**❻**

🔖**テスト得ダネ**
図形の定義は，しっ
かりおぼえておきま
しょう。

---

【特別な平行四辺形③（ひし形であることの証明）】

**❼** 右の図の ▱ABCD で，頂点 A，C からそれ
ぞれ辺 CD，AD に垂線 AE，CF を引きます。
AE＝CF ならば，四角形 ABCD はひし形で
あることを証明しなさい。

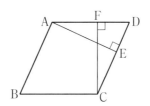
**❼**
△ADE≡△CDF より，
AD＝CD を示します。

❌**ミスに注意**
ひし形以外の図形の
定義と混同しないよ
うに注意します。

## Step 3 予想テスト　5章 三角形・四角形

30分　目標80点　/100点

**❶** 次の　　　　にあてはまることばをいいなさい。知

□(1)　ひし形の定義は，　　　　である。

□(2)　二等辺三角形の頂角の二等分線と，底辺の　　　　は一致する。

□(3)　正方形は，ひし形であると同時に，　　　　であるともいえる。

**❷** 次の図で，AB＝AC です。∠$x$ の大きさを求めなさい。知

□(1)

138°

□(2)

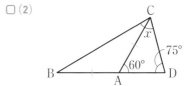

60°　75°

**❸** 右の図で，四角形 ABCD は正方形，△EDC は正三角形です。A から BE に引いた垂線と BE との交点を H とします。また，∠BCE の二等分線と BE との交点を I とします。次の問いに答えなさい。知 考

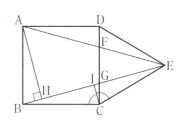

□(1)　∠BAE の大きさを求めなさい。

□(2)　∠BAH の大きさを求めなさい。

□(3)　直角三角形 ABH と合同な三角形を 1 ついいなさい。

□(4)　(3)の合同条件をいいなさい。

**❹** BC を底辺とする二等辺三角形 ABC で，辺 AB 上の点 D から BC の平行線を引き，辺 AC との交点を E とします。このとき，DB＝EC となることを，次のように証明しました。　　　　をうめて証明を完成させなさい。知 考

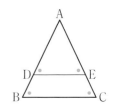

**証明** △ABC は二等辺三角形であるから，AB＝AC，∠ABC＝∠ACB

平行線の　㋐　は等しいから，　　　　∠ADE＝∠ABC，∠AED＝∠ACB

∠ABC＝∠ACB より，　　　　∠ADE＝　㋑

これより，△ADE は，∠A を　㋒　とする二等辺三角形となるから，AD＝　㋓

AB＝AC より，AD＋DB＝AE＋EC

したがって，DB＝EC

**❺** 四角形 ABCD の対角線の交点を O とします。次の条件だけをみたす四角形はどんな四角形ですか。**知** **考** 8点(各4点)

□(1)　OA＝OB＝OC＝OD

□(2)　∠A＝∠C，∠B＝∠D，AC⊥BD

**❻** BC＝2AB である □ABCD で，辺 CD を両側に延長し，その上に EC＝CD＝DF となるように点 E，F をとります。AE と BC，BF と AD の交点をそれぞれ G，H とします。次の問いに答えなさい。

**知** **考** 20点(各完答，各10点)

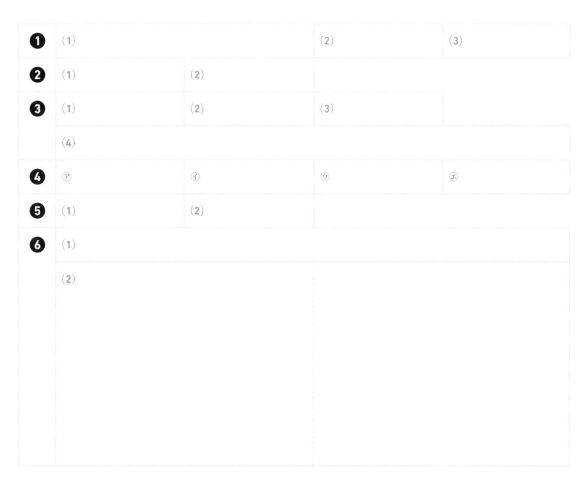

□(1)　△GAB≡△GEC であることをいうには，どの辺とどの辺，どの角とどの角が等しいことをいえばよいですか。すべて書きなさい。

□(2)　△GAB≡△GEC，△HAB≡△HDF が証明されたものとして，四角形 ABGH がひし形であることを証明しなさい。

| ❶ | (1) | | (2) | (3) |
|---|---|---|---|---|

| ❷ | (1) | (2) | | |
|---|---|---|---|---|

| ❸ | (1) | (2) | (3) | |
|---|---|---|---|---|
| | (4) | | | |

| ❹ | ⑦ | ④ | ⑨ | ㊤ |
|---|---|---|---|---|

| ❺ | (1) | (2) | | |
|---|---|---|---|---|

| ❻ | (1) | | | |
|---|---|---|---|---|
| | (2) | | | |

## Step 1 基本チェック ── 1 確率

15分

## 教科書のたしかめ 〔　〕に入るものを答えよう！

**❶ 確率の求め方** ▶教 p.180-184　Step 2 ❶-❺

解答欄

□(1) 右の表で，さいころを投げて１の目が出た相対度数を小数第３位まで求め，表を完成させなさい。

| 投げた回数 | 800 | 1200 | 1600 | 2000 |
|---|---|---|---|---|
| 1の目が出た回数 | 126 | 201 | 268 | 335 |
| 1の目が出た相対度数 | 0.158 | 0.168 | 0.168 | 0.168 |

(1)

□(2) 相対度数は〔 0.168 〕に近づくと考えられるので，１の目が出る確率は〔 0.168 〕と考えられる。

(2)

□(3) 正しくつくられたさいころを投げるとき，起こり得る場合は全部で〔 6 〕通り。5以上の目が出る場合は〔 2 〕通りだから，

$$(5以上の目が出る確率) = \frac{2}{6} = \left[ \frac{1}{3} \right]$$

また，奇数の目が出る確率は〔 $\frac{1}{2}$ 〕

(3)

□(4) いくつかの玉が入っている袋の中から玉を１個取り出すとき，それが赤玉である確率が $\frac{3}{10}$ であるとする。

取り出した玉が赤玉でない確率は〔 $\frac{7}{10}$ 〕である。

(4)

**❷ いろいろな確率** ▶教 p.185-190　Step 2 ❻-❾

□(5) 1枚の10円硬貨を2回投げるとする。表，裏が出ることを，それぞれ㋠，㋕と表して，右のような〔 樹形 〕図をかくと，2回とも表が出る確率は〔 $\frac{1}{4}$ 〕である。

(5)

- - - - - - - - - - - - - - - - - - - - - - - - - - - - - - - - - - - - -

## 教科書のまとめ 〔　〕に入るものを答えよう！

□ あることがらの起こりやすさの程度を表す数を，そのことがらの起こる 確率 という。

□ 正しくつくられたさいころでは，1から6までのどの目が出ることも同じ程度に期待できる。
　このようなとき，さいころの1から6までのどの目が出ることも， 同様に確からしい という。

□ 起こり得る場合が全部で$n$通りあり，そのどれが起こることも同様に確からしいとする。
　そのうち，あることがらの起こる場合が$a$通りあるとき，そのことがらの起こる確率$p$は，
　$p = \dfrac{a}{n}$ となる。

□ あることがら A の起こる確率が$p$であるとき，A の起こらない確率は， $1-p$ である。

Step 2 予想問題 ● 1 確率

1ページ
30分

【確率の求め方①（ことがらの起こりやすさ）】

❶ さいころを投げ，1の目が出た回数を調べたところ，下の表のように
なりました。次の問いに答えなさい。

| 投げた回数 | 100 | 200 | 300 | 400 | 500 | 1000 |
|---|---|---|---|---|---|---|
| ●が出た回数 | 19 | 34 | 49 | 65 | 84 | 169 |
| ●が出た相対度数 | ㋐ | ㋑ | ㋒ | ㋓ | ㋔ | ㋕ |

☐(1)　1の目の出た相対度数をそれぞれ求め，表の㋐～㋕に書き入れな
さい。ただし，四捨五入により，小数第2位までの数で表しなさい。

☐(2)　さいころを投げたとき，1の目が出る確率はいくらと考えられま
すか。

【確率の求め方②】

❷ 次のことがらが正しければ○を，正しくなければ×をかきなさい。

☐(1)　1つのさいころを投げるとき，1と6の目のどちらが出るかは同
様に確からしい。
（　　　　）

☐(2)　1つのさいころを6回投げれば，3の目は必ず1回出る。
（　　　　）

☐(3)　1枚の硬貨を3回続けて投げたところ，表，裏，表の順に出たか
ら，4回目を投げると，裏が出る確率は，表が出る確率より大きい。
（　　　　）

☐(4)　袋の中に赤玉と白玉が合わせて10個入っている。この中から玉
を1個取り出すとき，取り出した玉は，「赤玉である」，「赤玉では
ない」のどちらかなので，赤玉である確率は2分の1である。
（　　　　）

【確率の求め方③】

❸ 当たりくじを引く確率が $\frac{1}{5}$ であるくじを1本引くとき，はずれくじ
☐ を引く確率を求めなさい。

ヒント

❶
(1)（1の目が出た相対度数）
＝（1の目が出た回数）
÷（投げた回数）
(2)投げる回数が多くな
るほど，一定の値に
近づいていくと考え
られます。

❷
(1)(2)特にことわりがな
いかぎり「さいころ」
は，「正しくつくら
れたさいころ」の意
味です。

❸
「はずれる＝当たらな
い」と考えます。

6章

【確率の求め方④】

**❹** 1組のトランプからジョーカーを除いた 52 枚のカードを裏返しにして よく混ぜ，その中から 1 枚を引きます。次の確率を求めなさい。

☐（1）　カードが♠（スペード）である確率

☐（2）　カードが♥（ハート）の絵札である確率

☐（3）　カードが A（エース）である確率

【確率の求め方⑤】

**❺** 1 から 10 までの整数を 1 つずつ書いた 10 枚のカードがあります。この中から 1 枚のカードを取り出すとき，次の確率を求めなさい。

☐（1）　カードの数が奇数（きすう）である確率

☐（2）　カードの数が 3 の倍数である確率

☐（3）　カードの数が素数である確率

【いろいろな確率①】

**❻** 1 枚の硬貨を 3 回投げて，表，裏の出方を調べます。次の問いに答えなさい。

☐（1）　表，裏の出方を表す右 の樹形図（じゅけいず）を完成させなさい。ただし，表は○，裏 は×で表すものとする。

1回目 2回目 3回目　1回目 2回目 3回目

☐（2）　3 回とも裏が出る確率を求めなさい。

☐（3）　表が 2 回出る確率を求めなさい。

---

**ヒント**

**❹**
それぞれ当てはまる カードが何枚あるかを 考えます。
（2）絵札は，
　J（ジャック）
　Q（クイーン）
　K（キング）
の 3 種類です。
（3）A（エース）は 1 です。

**❺**
1〜10 の整数を書き出 し，各問いに当てはま る数をチェックします。

**❻**
（1）樹形図をかけば確認 できますが，全体で は，8 通りの場合が あります。

**テスト得ダネ**
場合の数を求めると きは，数えまちがえ ないよう，かならず 樹形図や表をつくっ て，順序よくていね いに数えましょう。 樹形図をかく問題は よく出題されます。

【いろいろな確率②】

**7** 大小2つのさいころを同時に投げるとき，下の表を利用して次の確率を求めなさい。

□(1)　出る目の和が5になる確率

□(2)　出る目の和が3以下になる確率

□(3)　出る目の和が4の倍数になる確率

| 小＼大 | ● | ⁚ | ∴ | ⁙ | ⁚⁚ | ⁚⁚⁚ |
|---|---|---|---|---|---|---|
| ● | 2 | 3 | 4 | 5 | 6 | 7 |
| ⁚ | 3 | 4 | 5 | 6 | 7 | 8 |
| ∴ | 4 | 5 | 6 | 7 | 8 | 9 |
| ⁙ | 5 | 6 | 7 | 8 | 9 | 10 |
| ⁚⁚ | 6 | 7 | 8 | 9 | 10 | 11 |
| ⁚⁚⁚ | 7 | 8 | 9 | 10 | 11 | 12 |

**7**
2つのさいころの目の出方は，表から確認できますが，全部で6×6＝36(通り)の場合があります。
(3)目の和が4，8，12になるときです。

【いろいろな確率③】

**8** A，B，C，D，Eの記号をつけた同じ大きさの玉が1個ずつ合計5個が袋に入っています。この中から2つの玉を同時に取り出すとき，次の問いに答えなさい。

□(1)　2つの玉の取り出し方は全部で何通りありますか。表や図をかいて求めなさい。

□(2)　Aと書かれた玉とBと書かれた玉を取り出す確率を求めなさい。

□(3)　Eと書かれた玉を取り出す確率を求めなさい。

**8**
(1)数え落としや重なりがないように樹形図をかいて求めます。表をかいて求めてもよいです。
(3)2個のうち1個がEである組み合わせが何通りあるか考えます。

❌ミスに注意
同時に取り出すときは，A−BもB−Aも同じであることに注意しましょう。

【いろいろな確率④】

**9** 右の図のように，正方形ABCDの頂点Aにおはじきを置き，さいころを2回投げて，次の規則㋐，㋑にしたがっておはじきを動かします。

㋐　奇数の目が出たときは，出た目の数だけ反時計回りに動かす。

㋑　偶数の目が出たときは，出た目の数だけ時計回りに動かす。

□(1)　2回目に動いたとき，頂点Aにある確率を求めなさい。

□(2)　2回目に動いたとき，頂点Bにある確率を求めなさい。

**9**
1回目に出る目の数によって，おはじきは次の位置にきます。
1の目(反時計回り)➡B
2の目(時計回り)➡C
3の目(反時計回り)➡D
4の目(時計回り)➡A
5の目(反時計回り)➡B
6の目(時計回り)➡C

## Step 3　予想テスト　6章 確率

30分　目標80点 ／100点

**❶** 3枚の硬貨を同時に投げるとき，次の確率を求めなさい。[考]

□(1)　3枚とも表が出る確率

□(2)　1枚が表で，2枚が裏が出る確率

**❷** 大小2つのさいころを同時に投げるとき，次の確率を求めなさい。[考]

□(1)　2つとも同じ目が出る確率

□(2)　2つのさいころの目の積が12になる確率

□(3)　2つのさいころの目の積が18以上になる確率

**❸** 4つの数字1，2，3，4を1つずつ書いたカード4枚を裏返しにしてよくきり，1枚ずつ取り出します。1枚目を十の位の数，2枚目を一の位の数にして2けたの整数をつくるとき，次の確率を求めなさい。[考]

□(1)　偶数である確率

□(2)　3の倍数である確率

□(3)　十の位の数が，一の位の数より2大きくなる確率

❹ 6本のうち2本の当たりくじが入っているくじがあります。A, Bの2人がこの順に1本ずつくじを引くとき，次の問いに答えなさい。[考] 21点(各7点)

□(1) くじの引き方は全部で何通りありますか。

□(2) 2人ともはずれる確率を求めなさい。

□(3) 少なくともどちらかが当たる確率を求めなさい。

❺ 袋の中に，同じ大きさの赤玉3個，白玉2個が入っています。袋の中から玉を取り出すとき，次の問いに答えなさい。[考] 27点(各9点)

□(1) 2個同時に取り出すとき，両方とも赤玉である確率

□(2) 2個同時に取り出すとき，赤玉1個と白玉1個である確率

□(3) 取り出した玉は袋にもどさないものとして，1個ずつ2回続けて取り出すとき，赤玉，白玉の順になる確率

| ❶ | (1) | (2) | |
|---|-----|-----|---|
| ❷ | (1) | (2) | (3) |
| ❸ | (1) | (2) | (3) |
| ❹ | (1) | (2) | (3) |
| ❺ | (1) | (2) | (3) |

## Step 1 基本チェック　1 データの分布

15分

## 教科書のたしかめ　　　に入るものを答えよう！

**❶ 箱ひげ図**　▶ 教 p.200-201　Step 2 ❶

解答欄

次のデータは，ある野球チームの最近 19 試合での得点のデータを，
少ない順に並べかえたものである。

| 0 1 1 1 2 3 3 3 4 4 5 5 6 7 7 8 9 9 10 |

□(1)　中央値は　4点　である。　　　　　　　　　　　　　　　　　　(1)
□(2)　第 1 四分位数は　2点　，第 3 四分位数は　7点　である。　　(2)
□(3)　四分位範囲は　5点　である。　　　　　　　　　　　　　　　(3)
□(4)　このデータの箱ひげ図は，下の図の　イ　である。　　　　　(4)

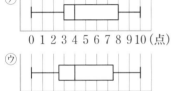
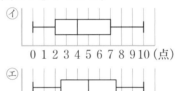

**❷ データの傾向の読み取り方**　▶ 教 p.202-205　Step 2 ❷

□(5)　右の図は，1 組と 2 組の生徒
40 人ずつの身長のデータを
表した箱ひげ図である。この
箱ひげ図から読み取れること
として正しいものを，次から選ぶと　ウ　である。　　　　(5)

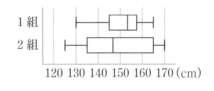

　　㋐　1 組にも 2 組にも 130cm ちょうどの生徒がいる。
　　㋑　2 組では，140cm 未満の生徒は 10 人より少ない。
　　㋒　1 組では，150cm 以下の生徒は 20 人以下である。

**❸ データの活用**　▶ 教 p.206-208　Step 2 ❷

## 教科書のまとめ　　　に入るものを答えよう！

□ あるデータを小さい順に並べたとき，そのデータを 4 等分したときの 3 つの区切りの値を小
　さい方から順に，第 1 四分位数，第 2 四分位数 (中央値)，第 3 四分位数 といい，これらを
　まとめて，四分位数 という。
□ 第 3 四分位数と第 1 四分位数の差を，四分位範囲 という。
□ 箱ひげ図のひげの端から端までの長さは 範囲，箱の幅は 四分位範囲 を表している。

**Step 2**　予想問題　：　**1 データの分布**

1ページ
**30分**

【箱ひげ図】

❶ 次のデータは，あるクラスの生徒 38 人について，家における週末の
学習時間を調べ，小さい順に並べたものです。次の問いに答えなさい。

| 0 | 0 | 0 | 1 | 1 | 1 | 1 | 1 | 2 | 2 | 2 | 2 | 2 | 3 |
| 3 | 3 | 3 | 4 | 4 | 5 | 5 | 5 | 6 | 6 | 6 | 6 | 7 | 7 |
| 8 | 8 | 8 | 9 | 9 | 10 | 10 | 11 | | | | | | |

（単位：時間）

□(1)　四分位数(第 1 四分位数，第 2 四分位数，第 3 四分位数)を求め
なさい。

第 1 四分位数（　　　　　），第 2 四分位数（　　　　　），

第 3 四分位数（　　　　　）

□(2)　四分位範囲を求めなさい。

□(3)　箱ひげ図を
かきなさい。

```
    0   1   2   3   4   5   6   7   8   9  10  11 (時間)
```

【データの傾向の読み取り方，データの活用】

❷ 右の箱ひげ図は，漢字テストの結果
を 1 組，2 組，3 組のデータをもとに
作成したものです。どの組も人数は
同じです。次の問いに答えなさい。

1 組
2 組
3 組

```
0 1 2 3 4 5 6 7 8 9 10(点)
```

□(1)　3 つの組を中央値が大きい順に並べかえなさい。

（　　　　　）

□(2)　3 つの組を範囲の大きい順に並べかえなさい。

（　　　　　）

□(3)　四分位範囲がいちばん大きいのはどの組ですか。

（　　　　　）

□(4)　この箱ひげ図から読み取れることとして正しいものを，次から選
びなさい。

⑦　5 点未満の生徒の数がいちばん多いのは，2 組である。

⑦　3 組の半分以上の生徒は，4 点以上である。

（　　　　　）

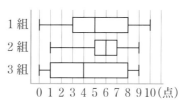
ヒント

❶
(2)第 3 四分位数と第 1
四分位数の差を求め
ます。
(3)四分位数，最小値，
最大値をもとにして
かきます。

❷
(2)最大値と最小値の差
を求めて比べます。
(3)第 3 四分位数と第 1
四分位数の差を求め
て比べます。
(4)四分位数に着目しま
しょう。

7章

## Step 3 予想テスト　7章 データの分布

20分　目標 40点　／50点

❶ 次のデータは，あるクラスの生徒 40 人について，2 週間のインターネットの利用時間を調べたものです。次の問いに答えなさい。知 考

| 9 | 8 | 14 | 30 | 4 | 4 | 5 | 8 | 4 | 9 | 3 | 0 | 0 | 2 | 11 | 6 | 12 | 4 | 1 | 14 |
| 8 | 0 | 4 | 8 | 1 | 8 | 7 | 8 | 10 | 6 | 18 | 5 | 3 | 16 | 2 | 24 | 5 | 15 | 2 | 18 |

（単位：時間）

☐(1)　四分位数(第 1 四分位数，第 2 四分位数，第 3 四分位数)を求めなさい。

☐(2)　四分位範囲を求めなさい。

☐(3)　箱ひげ図を解答欄にかきなさい。

❷ ある中学校で，2 年の男子生徒を A，B，C の 3 つの班に分け，50 m 走の測定をしました。右の箱ひげ図はそのデータをもとに作成したもので，どの班も人数は同じです。次の問いに答えなさい。考

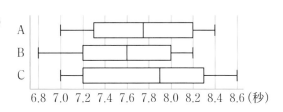

☐(1)　中央値がいちばん小さいのはどの班ですか。

☐(2)　3 つの班を四分位範囲が大きい順に並べかえなさい。

☐(3)　範囲がいちばん大きいのはどの班ですか。

☐(4)　この箱ひげ図から読み取れることとして正しいものを，次から選びなさい。

　　㋐　7.8 秒未満の生徒の数がいちばん多いのは，C である。

　　㋑　B の半分以上の生徒は，7.6 秒以上である。

　　㋒　7.6 秒未満の生徒の数は，A も C も同じである。

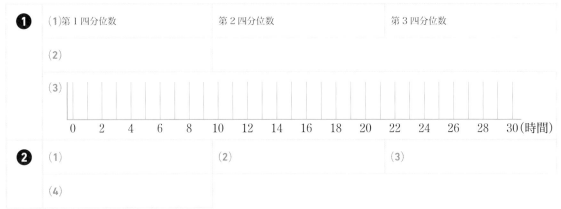

[解答 ▶ p.28]

学校図書版・中学数学 2 年

## テスト前 ☑ やることチェック表

① まずはテストの目標をたてよう。頑張ったら達成できそうなちょっと上のレベルを目指そう。
② 次にやることを書こう（「ズバリ英語〇ページ，数学〇ページ」など）。
③ やり終えたら□に✔を入れよう。
　最初に完ぺきな計画をたてる必要はなく，まずは数日分の計画をつくって，
　その後追加・修正していっても良いね。

| 目標 |
| --- |

| | 日付 | やること1 | やること2 |
| --- | --- | --- | --- |
| 2週間前 | ／ | ☐ | ☐ |
| | ／ | ☐ | ☐ |
| | ／ | ☐ | ☐ |
| | ／ | ☐ | ☐ |
| | ／ | ☐ | ☐ |
| | ／ | ☐ | ☐ |
| | ／ | ☐ | ☐ |
| 1週間前 | ／ | ☐ | ☐ |
| | ／ | ☐ | ☐ |
| | ／ | ☐ | ☐ |
| | ／ | ☐ | ☐ |
| | ／ | ☐ | ☐ |
| | ／ | ☐ | ☐ |
| | ／ | ☐ | ☐ |
| テスト期間 | ／ | ☐ | ☐ |
| | ／ | ☐ | ☐ |
| | ／ | ☐ | ☐ |
| | ／ | ☐ | ☐ |
| | ／ | ☐ | ☐ |

キリトリ線

QRコードのページに登録すると、「ぴたリンク」からも表をダウンロードできるよ

# テスト前 ☑ やることチェック表

① まずはテストの目標をたてよう。頑張ったら達成できそうなちょっと上のレベルを目指そう。
② 次にやることを書こう（「ズバリ英語〇ページ，数学〇ページ」など）。
③ やり終えたら□に✓を入れよう。
　最初に完ぺきな計画をたてる必要はなく，まずは数日分の計画をつくって，
　その後追加・修正していっても良いね。

| 目標 |
|---|

|  | 日付 | やること1 | やること2 |
|---|---|---|---|
| 2週間前 | ／ | □ | □ |
| | ／ | □ | □ |
| | ／ | □ | □ |
| | ／ | □ | □ |
| | ／ | □ | □ |
| | ／ | □ | □ |
| | ／ | □ | □ |
| 1週間前 | ／ | □ | □ |
| | ／ | □ | □ |
| | ／ | □ | □ |
| | ／ | □ | □ |
| | ／ | □ | □ |
| | ／ | □ | □ |
| | ／ | □ | □ |
| テスト期間 | ／ | □ | □ |
| | ／ | □ | □ |
| | ／ | □ | □ |
| | ／ | □ | □ |
| | ／ | □ | □ |

8

（本体から外してお使いください〉

▶本文 p.3-4

## 学校図書版 数学2年 ｜ 定期テスト ズバリよくでる ｜ 解答集

## 1章 式の計算

### 1 式の計算

**p.3-4** **Step 2**

❶ 単項式⑦，⑦，多項式⑦，㋑

**解き方** 数や文字をかけ合わせた形の式を単項式，単項式の和の形で表された式を多項式といいます。

❷ (1) 1　　(2) 2　(3) 3　　(4) 3

**解き方** 単項式でかけ合わされている文字の個数を次数といいます。係数は次数に関係がありません。

(2) $2a^2 = 2 \times a \times a$ ➡ 次数は 2

(4) $-a^2 b = -a \times a \times b$ ➡ 次数は 3

❸ (1) 1次式　(2) 1次式　(3) 3次式　(4) 2次式

**解き方** 多項式では，各項の次数のうちでもっとも大きい(高い)ものを，その多項式の次数といいます。

(3) $xy^2 = x \times y \times y$ ➡ 3次式，$2x$ ➡ 1次式，多項式 $xy^2 + 2x$ は 3次式。

(4) $3x^2 = 3 \times x \times x$ ➡ 2次式，$2x$ ➡ 1次式　多項式 $3x^2 + 2x - 1$ は 2次式。

❹ (1) $-3x+5y$　(2) $-7a+3b$　(3) $-3x^2+3x$　(4) $-3x^2+4x-3$

**解き方** 式の項の中で，文字の部分がまったく同じ項をまとめます。

(1) $x+3y-4x+2y = x-4x+3y+2y$
$\qquad = -3x+5y$

(2) $-5a+2b-2a+b = -5a-2a+2b+b$
$\qquad = -7a+3b$

(3) $2x^2-3x-5x^2+6x = 2x^2-5x^2-3x+6x$
$\qquad = -3x^2+3x$

(4) $-3x^2+6x-3-2x = -3x^2+6x-2x-3$
$\qquad = -3x^2+4x-3$

❺ (1) $5x+12y$　　(2) $4x^2-5x$

**解き方** 和の式をつくったあと，かっこをはずし，同類項をまとめます。

(1) $(2x+7y)+(3x+5y) = 2x+7y+3x+5y$
$\qquad = 2x+3x+7y+5y$
$\qquad = 5x+12y$

(2) $(x^2+3x)+(3x^2-8x) = x^2+3x^2+3x-8x$
$\qquad = 4x^2-5x$

❻ (1) $7x+7y$　　(2) $-3x^2-2x+3$

**解き方** かっこをはずし，同類項をまとめます。

(1) $(4x+y)+(3x+6y) = 4x+y+3x+6y$
$\qquad = 7x+7y$

(2) $(2x^2-5x+3)+(-5x^2+3x)$
$= 2x^2-5x+3-5x^2+3x$
$= -3x^2-2x+3$

❼ (1) $2x+y$　　(2) $3x^2-3x-4$　(3) $3x+6y$　(4) $-3x+3y+4$

**解き方** ひく式の各項の符号を変えて加えます。

(3)
$$\begin{array}{r} 6x+5y \\ -)\ \ 3x-\ y \\ \hline \end{array} \quad\Rightarrow\quad \begin{array}{r} 6x+5y \\ +)\ -3x+\ y \\ \hline 3x+6y \end{array}$$

(4)
$$\begin{array}{r} 2x+3y-3 \\ -)\ \ 5x\ \ \ \ \ \ -7 \\ \hline \end{array} \quad\Rightarrow\quad \begin{array}{r} 2x+3y-3 \\ +)\ -5x\ \ \ \ \ \ +7 \\ \hline -3x+3y+4 \end{array}$$

❽ (1) $12x-8y$　　(2) $-2a+4b+6$　(3) $-3a+4b$　(4) $3x-4y$

**解き方** 多項式と数の乗法は，分配法則を使います。多項式と数の除法は，乗法の形に直します。

(2) $(a-2b-3) \times (-2)$
$= a \times (-2) - 2b \times (-2) - 3 \times (-2)$
$= -2a+4b+6$

(3) $(12a-16b) \div (-4) = (12a-16b) \times \left(-\dfrac{1}{4}\right)$
$\qquad = 12a \times \left(-\dfrac{1}{4}\right) - 16b \times \left(-\dfrac{1}{4}\right)$
$\qquad = -3a+4b$

1

**⑨** (1) $10x-3y$　　　(2) $2a-10b$

　(3) $\dfrac{-20x+11y}{15}$　　(4) $\dfrac{7a-5b}{3}$

**解き方** (1) $3(4x-5y)+2(6y-x)$

$=12x-15y+12y-2x$

$=10x-3y$

(2) $4(2a-3b)-2(3a-b)=8a-12b-6a+2b$

$\qquad\qquad\qquad\qquad\quad =2a-10b$

(3)(4) 通分してから計算します。

(3) $\dfrac{4y-7x}{3}-\dfrac{-5x+3y}{5}=\dfrac{5(4y-7x)-3(-5x+3y)}{15}$

$\qquad\qquad\qquad\qquad\quad =\dfrac{20y-35x+15x-9y}{15}$

$\qquad\qquad\qquad\qquad\quad =\dfrac{-20x+11y}{15}$

(4) $2a-b-\dfrac{-a+2b}{3}=\dfrac{3(2a-b)-(-a+2b)}{3}$

$\qquad\qquad\qquad\quad =\dfrac{6a-3b+a-2b}{3}$

$\qquad\qquad\qquad\quad =\dfrac{7a-5b}{3}$

**⑩** (1) $-10ab$　(2) $6xy$　　(3) $-a^5$

　(4) $-10ab$　(5) $2y$　　(6) $4x^2$

**解き方** 単項式どうしの乗法は，係数の積に文字の積をかけます。除法は，分数の形にして，約分します。

(2) $(-8x)\times\left(-\dfrac{3}{4}y\right)=\dfrac{-8\times x\times(-3)\times y}{4}$

$\qquad\qquad\qquad\qquad =6xy$

(3) $a^2\times(-a)^3=a^2\times(-a)\times(-a)\times(-a)$

$\qquad\qquad\quad =-a\times a\times a\times a\times a$

$\qquad\qquad\quad =-a^5$

(4) $6a^2b\div\left(-\dfrac{3}{5}a\right)=6a^2b\div\left(-\dfrac{3a}{5}\right)$

$\qquad\qquad\qquad\quad =6a^2b\times\left(-\dfrac{5}{3a}\right)$

$\qquad\qquad\qquad\quad =-10ab$

(5) $4x\times3y^2\div6xy=\dfrac{4\times x\times3\times y\times y}{6\times x\times y}$

$\qquad\qquad\qquad\quad =2y$

(6) $2x^3\div3x^2\times6x=\dfrac{2\times x\times x\times x\times6\times x}{3\times x\times x}$

$\qquad\qquad\qquad\quad =4x^2$

## 2 式の利用

**p.6-7**　**Step ②**

**❶** (1) 26　　　　(2) 18

**解き方** はじめに式を計算し，簡単にしておきます。

(1) $3(2x-4y)-2(x-3y)=4x-6y$

$\qquad\qquad\qquad\qquad\quad =4\times2-6\times(-3)$

$\qquad\qquad\qquad\qquad\quad =26$

式を簡単にしておく。

(2) $24x^2y\div(-8x)=-3xy$

$\qquad\qquad\qquad =-3\times2\times(-3)$

$\qquad\qquad\qquad =18$

**❷** (例) もっとも小さい奇数を $2n-1$ とすると，連続する3つの奇数は，$2n-1$，$2n+1$，$2n+3$ と表される。したがって，それらの和は，

$(2n-1)+(2n+1)+(2n+3)=6n+3$

$\qquad\qquad\qquad\qquad\qquad =3(2n+1)$

$2n+1$ は整数だから，$3(2n+1)$ は3の倍数である。したがって，連続する3つの奇数の和は3の倍数である。

**解き方** 連続する3つの奇数の和が，$3\times$(整数)の形になっていれば3の倍数といえます。

別解 連続する3つの奇数を $2n-3$，$2n-1$，$2n+1$ として説明してもよいです。

**❸** (1) $10a+b$　(2) $9n$　　(3) $9a$　　(4) $a+n$

**解き方** (1) $b+10a$ と表してもよいです。

(3) 9の倍数であることを示すため，$10a$ を，9の倍数の部分と，そうでない部分に分けます。

(4) $9\times$(整数)の形になっていれば9の倍数といえることから考えます。

**❹** (例) 3つの半円 $O_1$，$O_2$，$O_3$ の直径は線分 AB 上にあるから，$2b+2c=2a$

$c$ を $a$ と $b$ で表すと，$c=a-b$ ……①

3つの半円の弧の長さの和は，

$2\pi a\times\dfrac{1}{2}+2\pi b\times\dfrac{1}{2}+2\pi c\times\dfrac{1}{2}$

$=\pi a+\pi b+\pi c$ ……②

①を②の式に代入すると，

$\pi a+\pi b+\pi(a-b)=\pi a+\pi b+\pi a-\pi b=2\pi a$

したがって，この図形の周の長さは，半径 $a$ の円周の長さに等しい。

**解き方** 3つの文字式を変形しながら1つに減らします。

参考 $2b+2c=2a$ から $b+c=a$ を導いたあと，$c$ を $a$ と $b$ で表さず，問題の図形の周の長さの式 $\pi a+\pi b+\pi c$ に直接代入して，
$\pi a+\pi b+\pi c=\pi a+\pi(b+c)=\pi a+\pi a=2\pi a$
と計算する方法もあります。

❺ (1) $b=a-3$　　　　(2) $x=\dfrac{-y+8}{2}$

　(3) $y=\dfrac{-3x+12}{4}$　　(4) $a=\dfrac{2b+3}{4}$

**解き方** 等式の性質を使って，〔 〕内に指定された文字の項だけが左辺に残るように変形していきます。

(1) $a-b=3$
$\quad -b=-a+3$
$\quad\ \ b=a-3$

(2) $y=8-2x$
$\quad 2x=-y+8$
$\quad\ \ x=\dfrac{-y+8}{2}$

(3) $3x+4y=12$
$\quad 4y=-3x+12$
$\quad\ \ y=\dfrac{-3x+12}{4}$

(4) $4a-2b=3$
$\quad 4a=2b+3$
$\quad\ \ a=\dfrac{2b+3}{4}$

❻ (1) $h=\dfrac{3V}{\pi r^2}$　　　(2) $b=\dfrac{\ell-3a}{2}$

**解き方** 両辺を入れかえ，方程式を解くように，式を変形します。

(1) $\qquad V=\dfrac{1}{3}\pi r^2h$
$\quad \dfrac{1}{3}\pi r^2h=V$
$\qquad\quad h=\dfrac{3V}{\pi r^2}$

(2) $\qquad \ell=3a+2b$
$\quad 3a+2b=\ell$
$\qquad\ \ 2b=\ell-3a$
$\qquad\quad b=\dfrac{\ell-3a}{2}$

❼ (1) 両辺を2でわる　　(2) $a$ をかっこでくくる
(3) $bc$ を移項する　　(4) 両辺を $b+c$ でわる

**解き方** (2)「$a$ でくくる」と表してもよいですし，あるいは，「分配法則を使う」としてもよいです。
(3) 式をさらに変形すると，
$a(b+c)=\dfrac{S}{2}-bc$
$\qquad\quad =\dfrac{S}{2}-\dfrac{2bc}{2}$
$\qquad\quad =\dfrac{S-2bc}{2}$

---

**p.8-9** **Step ❸**

❶ (1) ㋐, ㋓　(2) ㋐, ㋑, ㋒　(3) ㋒, ㋔
　(4) $2x$, $4x$

❷ (1) $2x-y+3$　(2) $-2x^2+6x$　(3) $-4a+6b$
　(4) $-4a+2b$　(5) $3x^2-3x+4$　(6) $-x^2+5x$
　(7) $-6x+4y$　(8) $-4a-2b$

❸ (1) $6ab$　(2) $-9x^3$　(3) $4a^2$　(4) $2x$　(5) $-30a$
　(6) $12x^2y^2$

❹ (1) 17　(2) 18

❺ (1) $x=2y+6$　(2) $b=\dfrac{a-2c}{3}$

❻ ① $2n-1$　② $2n+1$　③ $6n$　④ 6の倍数である

❼ (例)
　おうぎ形の弧の長さ　$2\pi\ell\times\dfrac{x}{360}$　……①
　底面の円周の長さ　$2\pi r$　　　　　……②
　①＝② だから，$2\pi\ell\times\dfrac{x}{360}=2\pi r$　……③
　③の式を $x$ について解くと，$x=360\times\dfrac{r}{\ell}$

---

**解き方**

❶ (1) 数と文字の積だけの式を単項式といい，加法の記号 ＋ や減法の記号 － のない式になります。
㋐の － は，減法を表す記号ではなく，符号です。
(2) 多項式では，各項の次数のうちでもっとも大きい(高い)ものを，その多項式の次数といいます。
㋓ $3x^2=3\times x\times x$ ➡2次式
㋔ $x^2=x\times x$ ➡2次式，多項式 $x^2-1$ は2次式。
㋕ $3xy=3\times x\times y$ ➡2次式，$2y$ ➡1次式，
多項式 $3xy+2y$ は2次式。
(3) 数だけの項が定数項です。㋒の式の3，㋔の式の－1です。
(4) 係数をのぞいて，文字の部分がまったく同じ項が同類項です。

❷ いずれも同類項をまとめます。かっこのある式はかっこをはずします。
(1) $3x-6y+5y-x+3=3x-x-6y+5y+3$
$\qquad\qquad\qquad\qquad\quad =2x-y+3$
(2) $-5x^2+8x-2x+3x^2=-5x^2+3x^2+8x-2x$
$\qquad\qquad\qquad\qquad\quad\ =-2x^2+6x$

(3) $(2a+5b)+(-6a+b)=2a+5b-6a+b$
$=2a-6a+5b+b$
$=-4a+6b$

(4) $(3a-4b)-(7a-6b)=3a-4b-7a+6b$
$=3a-7a-4b+6b$
$=-4a+2b$

(5) $(2x^2-x+3)-(-x^2+2x-1)$
$=2x^2-x+3+x^2-2x+1$
$=3x^2-3x+4$

(6) $(2x^2-x+3)+3(-x^2+2x-1)$
$=2x^2-x+3-3x^2+6x-3$
$=-x^2+5x$

(7) $(3x-2y)\times(-2)=3x\times(-2)-2y\times(-2)$
$=-6x+4y$

(8) $(12a+6b)\div(-3)=(12a+6b)\times\left(-\dfrac{1}{3}\right)$
$=12a\times\left(-\dfrac{1}{3}\right)+6b\times\left(-\dfrac{1}{3}\right)$
$=-4a-2b$

❸ 単項式どうしの乗法は，係数の積に文字の積をかけます。除法は，分数の形にしたり，わる式の逆数をかける形にしたりして計算します。

(1) $3a\times2b=(3\times a)\times(2\times b)$
$=3\times2\times a\times b$
$=6ab$

(2) $(-3x^2)\times3x=(-3)\times3\times x^2\times x$
$=-9x^3$

(3) $(-2a)^2=(-2a)\times(-2a)$
$=4a^2$

(4) $12xy\div6y=\dfrac{12xy}{6y}$
$=2x$

(5) $18a^2\div\left(-\dfrac{3}{5}a\right)=18a^2\times\left(-\dfrac{5}{3a}\right)$
$=-30a$

(6) $8x^2y\div2x\times3xy=\dfrac{8x^2y\times3xy}{2x}$
$=12x^2y^2$

❹ はじめに式を簡単にしてから，$x$，$y$ の値を代入します。

(1) $(6x-5y)-(3x-y)=6x-5y-3x+y$
$=3x-4y$

この式に $x=3$，$y=-2$ を代入すると，
$3\times3-4\times(-2)=9+8$
$=17$

(2) $72xy^2\div(-24y)=72xy^2\times\left(-\dfrac{1}{24y}\right)$
$=-3xy$

この式に $x=3$，$y=-2$ を代入すると，
$-3\times3\times(-2)=18$

❺ 〔 〕内に指定された文字の項だけが左辺に残るように変形していきます。

(1) $y=\dfrac{1}{2}x-3$

$\dfrac{1}{2}x-3=y$

$x-6=2y$

$x=2y+6$

(2) $a-3b=2c$

$-3b=2c-a$

$3b=-2c+a$

$b=\dfrac{a-2c}{3}$

❻ 1・2 ①を $2n+1$，②を $2n-1$ としてもよいです。
3 $6\times$(整数)の形になっていれば6の倍数といえます。
4 「説明」では，最後に結論の文や式を書きます。

❼ 1つの円で，弧の長さは中心角に比例するので，
(おうぎ形の弧の長さ) $=2\pi\ell\times\dfrac{x}{360}$

# 2章 連立方程式

## 1 連立方程式

p.11-14　Step ❷

**❶** ㋑

**解き方** $x$ と $y$ の値を代入して，方程式を成り立たせるかどうかを調べます。

㋐ $x=3$, $y=-1$ を代入すると，
(左辺)$=3\times3-2\times(-1)=11\neq$(右辺)

㋑ $x=1$, $y=-2$ を代入すると，
(左辺)$=3\times1-2\times(-2)=7=$(右辺)

㋒ $x=-2$, $y=-7$ を代入すると，
(左辺)$=3\times(-2)-2\times(-7)=8\neq$(右辺)

**❷** ㋒

**解き方** $x$, $y$ の値を2つの式に代入して，2つの式を同時に成り立たせるかどうかを調べます。

㋐ $x=1$, $y=-1$ を代入すると，
(上の式)$=2\times1+(-1)=1$
(下の式)$=1-2\times(-1)=3$ ($\neq-7$)

㋑ $x=2$, $y=-3$ を代入すると，
(上の式)$=2\times2+(-3)=1$
(下の式)$=2-2\times(-3)=8$ ($\neq-7$)

㋒ $x=-1$, $y=3$ を代入すると，
(上の式)$=2\times(-1)+3=1$
(下の式)$=-1-2\times3=-7$

**❸** (1) $\begin{cases}x=1\\y=2\end{cases}$　(2) $\begin{cases}x=3\\y=-2\end{cases}$　(3) $\begin{cases}x=-2\\y=3\end{cases}$

(4) $\begin{cases}x=2\\y=2\end{cases}$　(5) $\begin{cases}x=4\\y=1\end{cases}$　(6) $\begin{cases}x=4\\y=2\end{cases}$

**解き方** どちらかの文字の係数の絶対値をそろえ，左辺どうし，右辺どうしを加えたりひいたりして，その文字を消去して解きます。

(1) 2つの式をひいて，$x$ の項を消します。
$\begin{cases}x+4y=9 &\cdots\cdots① \\ x+y=3 &\cdots\cdots②\end{cases}$

①−② より，
$\begin{array}{r}x+4y=9\\-)\ x+\ y=3\\\hline 3y=6\\y=2\end{array}$

$y=2$ を ② に代入すると，
$x+2=3$ より，$x=1$

(3) 2つの式を加えて，$y$ の項を消します。
$\begin{cases}5x-y=-13 &\cdots\cdots① \\ 2x+y=-1 &\cdots\cdots②\end{cases}$

①+② より，
$\begin{array}{r}5x-\ y=-13\\+)\ 2x+\ y=-1\\\hline 7x\quad=-14\\x=-2\end{array}$

$x=-2$ を ② に代入すると，
$-4+y=-1$ より，$y=3$

(5) 一方の式を何倍かして，$x$ または $y$ の係数の絶対値が同じになるようにします。
$\begin{cases}2x+3y=11 &\cdots\cdots① \\ 4x-5y=11 &\cdots\cdots②\end{cases}$

$\begin{array}{lr}①\times2 & 4x+6y=22\\② & -)\ 4x-5y=11\\\hline & 11y=11\\ & y=1\end{array}$

$y=1$ を ① に代入すると，
$2x+3=11$ より，$x=4$

**❹** (1) $\begin{cases}x=-1\\y=2\end{cases}$　(2) $\begin{cases}x=8\\y=6\end{cases}$

(3) $\begin{cases}x=2\\y=7\end{cases}$　(4) $\begin{cases}x=-1\\y=4\end{cases}$

**解き方** 2つの式をそれぞれ何倍かして，$x$ または $y$ の係数の絶対値が等しくなるようにします。

(2) $\begin{cases}6x-7y=6 &\cdots\cdots① \\ -4x+3y=-14 &\cdots\cdots②\end{cases}$

$\begin{array}{lr}①\times2 & 12x-14y=12\\②\times3 & +)\ -12x+9y=-42\\\hline & -5y=-30\\ & y=6\end{array}$

$y=6$ を ① に代入すると，
$6x-42=6$ より，$x=8$

(4) $\begin{cases}-9x+4y=25 &\cdots\cdots① \\ 12x+5y=8 &\cdots\cdots②\end{cases}$

$\begin{array}{lr}①\times5 & -45x+20y=125\\②\times4 & -)\ 48x+20y=32\\\hline & -93x=93\\ & x=-1\end{array}$

$x=-1$ を ② に代入すると，
$-12+5y=8$ より，$y=4$

5

**❺** (1) $\begin{cases} x = 3 \\ y = 5 \end{cases}$　　　(2) $\begin{cases} x = 5 \\ y = 3 \end{cases}$

(3) $\begin{cases} x = -2 \\ y = -8 \end{cases}$　　(4) $\begin{cases} x = 0 \\ y = -3 \end{cases}$

**解き方** 一方の式を他方の式に代入することによっ
て，1つの文字を消去して解きます。

(4) $\begin{cases} 3x - 4y = 12 \quad\cdots\cdots① \\ y = 2x - 3 \quad\cdots\cdots② \end{cases}$

②を①に代入すると，

$3x - 4(2x - 3) = 12$

$3x - 8x + 12 = 12$

$-5x = 0$

$x = 0$

$x = 0$ を②に代入すると，$y = -3$

**❻** (1) $\begin{cases} x = -1 \\ y = 2 \end{cases}$　(2) $\begin{cases} x = 2 \\ y = -3 \end{cases}$　(3) $\begin{cases} x = -3 \\ y = 4 \end{cases}$

(4) $\begin{cases} x = 5 \\ y = 2 \end{cases}$　(5) $\begin{cases} x = -4 \\ y = 3 \end{cases}$　(6) $\begin{cases} x = 2 \\ y = -5 \end{cases}$

**解き方** 一方の式を $x$ または $y$ について解き，他方
の式に代入します。

(3) $\begin{cases} 3x - 2y = -17 \quad\cdots\cdots① \\ 5x + y = -11 \quad\cdots\cdots② \end{cases}$

②より，$y = -5x - 11\cdots\cdots②'$

②'を①に代入すると，

$3x - 2(-5x - 11) = -17$

$3x + 10x + 22 = -17$

$13x = -39$

$x = -3$

$x = -3$ を②'に代入すると，$y = 4$

(5) $\begin{cases} x + 3y = 5 \quad\cdots\cdots① \\ 2x - 5y = -23 \quad\cdots\cdots② \end{cases}$

①より，$x = -3y + 5\cdots\cdots①'$

①'を②に代入すると，

$2(-3y + 5) - 5y = -23$

$-11y = -33$

$y = 3$

$y = 3$ を①'に代入すると，$x = -4$

**❼** (1) $\begin{cases} x = 2 \\ y = -3 \end{cases}$　　(2) $\begin{cases} x = 12 \\ y = 3 \end{cases}$

(3) $\begin{cases} x = 8 \\ y = 17 \end{cases}$　　(4) $\begin{cases} x = 5 \\ y = 1 \end{cases}$

**解き方** かっこをはずして，式を整理してから，加
減法または代入法で解きます。

(1) $\begin{cases} 3x + 2y = 0 \quad\cdots\cdots① \\ 2(x - y) + 3y = 1 \quad\cdots\cdots② \end{cases}$

②より，$2x - 2y + 3y = 1$

$y = -2x + 1\cdots\cdots②'$

②'を①に代入すると，

$3x + 2(-2x + 1) = 0$

$3x - 4x + 2 = 0$

$-x = -2$

$x = 2$

$x = 2$ を②'に代入すると，$y = -3$

(3) $\begin{cases} 3(x - y) + 2y = 7 \quad\cdots\cdots① \\ 2x - (5x - 2y) = 10 \quad\cdots\cdots② \end{cases}$

①より，$3x - 3y + 2y = 7$

$y = 3x - 7\cdots\cdots①'$

②より，$2x - 5x + 2y = 10$

$-3x + 2y = 10\cdots\cdots②'$

①'を②'に代入すると，

$-3x + 2(3x - 7) = 10$

$-3x + 6x - 14 = 10$

$3x = 24$

$x = 8$

$x = 8$ を①'に代入すると，$y = 17$

**❽** (1) $\begin{cases} x = 3 \\ y = 2 \end{cases}$　　(2) $\begin{cases} x = 6 \\ y = 12 \end{cases}$

(3) $\begin{cases} x = 8 \\ y = 6 \end{cases}$　　(4) $\begin{cases} x = 1 \\ y = -3 \end{cases}$

**解き方** 係数に分数をふくむ方程式は，係数がすべ
て整数になるように変形します。

(1) 下の式の両辺に6をかけます。

$\begin{cases} x + 2y = 7 \\ 4x + 3y = 18 \end{cases}$

(2) 上の式の両辺に12をかけます。

$\begin{cases} -4x + 3y = 12 \\ 5x - 3y = -6 \end{cases}$

(3) 上の式の両辺に 3，下の式の両辺に 4 をかけます。

$$\begin{cases} 3x-y=18 \\ 3x+8y=72 \end{cases}$$

(4) 上の式の両辺に 5 をかけます。下の式の両辺に 12 をかけ，式の整理をします。

$$\begin{cases} x-3y=10 \\ 13x+6y=-5 \end{cases}$$

**❾** (1) $\begin{cases} x=3 \\ y=4 \end{cases}$　　(2) $\begin{cases} x=4 \\ y=-1 \end{cases}$

(3) $\begin{cases} x=4 \\ y=3 \end{cases}$　　(4) $\begin{cases} x=5 \\ y=6 \end{cases}$

**解き方** 係数に小数をふくむ方程式は，10，100，… などを両辺にかけて，係数を整数にします。

(1) 上の式の両辺に 10 をかけます。

$$\begin{cases} x+3y=15 \\ 3x-5y=-11 \end{cases}$$

(2) 下の式の両辺に 10 をかけます。

$$\begin{cases} 2x-y=9 \\ 12x+9y=39 \end{cases}$$

(3) 下の式の両辺に 100 をかけます。

$$\begin{cases} x+y=7 \\ 15x+8y=84 \end{cases}$$

(4) 上の式の両辺に 100，下の式の両辺に 15 をかけます。

$$\begin{cases} 4x-3y=2 \\ 3x+5y=45 \end{cases}$$

**❿** (1) $\begin{cases} x=3 \\ y=2 \end{cases}$　　(2) $\begin{cases} x=-1 \\ y=2 \end{cases}$

**解き方** $A=B=C$ の形の連立方程式は，

$$\begin{cases} A=B \\ A=C \end{cases} \quad \begin{cases} A=B \\ B=C \end{cases} \quad \begin{cases} A=C \\ B=C \end{cases}$$

の，どの組み合わせをつくって解いてもよいです。

(1) $\begin{cases} 3x-y=7 & \cdots\cdots① \\ -x+5y=7 & \cdots\cdots② \end{cases}$

①より，$y=3x-7\cdots\cdots①'$

①'を②に代入すると，

$-x+5(3x-7)=7$

$-x+15x-35=7$

$\qquad\quad 14x=42$

$\qquad\qquad x=3$

$x=3$ を①'に代入すると，$y=2$

(2) $\begin{cases} 2x+3y=3x+7 \\ 3x+7=6-y \end{cases}$ の組み合わせをつくります。

---

### 2 連立方程式の利用

**p.16-17**　**Step ❷**

**❶** (1) $\begin{cases} x+y=15 \\ 50x+120y=1100 \end{cases}$

(2) 50 円切手 10 枚，120 円切手 5 枚

**解き方** (1) 50 円切手を $x$ 枚，120 円切手を $y$ 枚買ったとして，枚数の関係と，代金の関係から 2 つの方程式を考え，連立方程式をつくります。

枚数の関係から，$x+y=15$

代金の関係から，$50x+120y=1100$

(2) $\begin{cases} x+y=15 & \cdots\cdots① \\ 50x+120y=1100 & \cdots\cdots② \end{cases}$

①×50　　$50x+\ \ 50y=750$

②　　　$\underline{-)\ 50x+120y=1100}$

$\qquad\qquad\quad -\ 70y=-350$

$\qquad\qquad\qquad\quad y=5$

$y=5$ を①に代入すると，

$x+5=15$ より，$x=10$

**❷** 鉛筆 1 本 60 円，ノート 1 冊 150 円

**解き方** 鉛筆 1 本を $x$ 円，ノート 1 冊を $y$ 円として，連立方程式をつくり，加減法で解きます。

$$\begin{cases} 6x+2y=660 & \cdots\cdots① \\ 4x+3y=690 & \cdots\cdots② \end{cases}$$

①×2　　　　$12x+4y=1320$

②×3　$\underline{-)\ 12x+9y=2070}$

$\qquad\qquad\qquad -5y=-750$

$\qquad\qquad\qquad\quad y=150$

$y=150$ を①に代入すると，

$6x+300=660$ より，$x=60$

**❸** 大きい数 7，小さい数 5

**解き方** 大きい数を $x$，小さい数を $y$ として，連立方程式をつくり，代入法で解きます。

$$\begin{cases} x=2y-3 & \cdots\cdots① \\ 2x+3y=29 & \cdots\cdots② \end{cases}$$

①を②に代入すると，

$2(2y-3)+3y=29$

$\quad 4y-6+3y=29$

$\qquad\qquad\quad y=5$

$y=5$ を①に代入すると，$x=7$

**❹** 商品 A 20 個，商品 B 10 個

**解き方** 商品 A を $x$ 個，商品 B を $y$ 個つめるとして，連立方程式をつくり，加減法で解きます。

$$\begin{cases} x+y=30 & \cdots\cdots① \\ 50x+30y+200=1500 & \cdots\cdots② \end{cases}$$

② を整理すると，$50x+30y=1300$

$$5x+3y=130 \cdots\cdots③$$

$$\begin{array}{rl} ①×3 & 3x+3y=90 \\ ③ \quad -)\ & 5x+3y=130 \\ \hline & -2x\quad\ \ =-40 \\ & x=20 \end{array}$$

$x=20$ を①に代入すると，$20+y=30$ より，$y=10$

**❺** 男子 200 人，女子 180 人

**解き方** 昨年の男子の人数を $x$ 人，女子の人数を $y$ 人として連立方程式をつくります。

$$\begin{cases} x+y=380 & \cdots\cdots① \\ -\dfrac{4}{100}x+\dfrac{5}{100}y=1 & \cdots\cdots② \end{cases}$$

②×100 より，$-4x+5y=100 \cdots\cdots②'$

①，②' を解くと，$x=200$，$y=180$

**❻** AB 間 80 km，BC 間 60 km

**解き方** AB 間の道のりを $x$ km，BC 間の道のりを $y$ km として連立方程式をつくります。

$$\begin{cases} x+y=140 \\ \dfrac{x}{80}+\dfrac{y}{100}=1\dfrac{36}{60} \end{cases}$$

下の式の両辺に，分母の最小公倍数の 1200 をかけて係数を整数にすると，

$$\begin{cases} x+y=140 \\ 15x+12y=1920 \end{cases}$$

これを解いて，$x=80$，$y=60$

**❼** 8%の食塩水 150g，15%の食塩水 200g

**解き方** 8%の食塩水を $x$ g，15%の食塩水を $y$ g 混ぜたとして連立方程式をつくります。

$$\begin{cases} x+y=350 \\ \dfrac{8}{100}x+\dfrac{15}{100}y=\dfrac{12}{100}×350 \end{cases}$$

下の式の両辺に 100 をかけて式を整理すると，

$$\begin{cases} x+y=350 \\ 8x+15y=4200 \end{cases}$$

これを解いて，$x=150$，$y=200$

---

**p.18-19** **Step ❸**

**❶** (1) いえる (2) $\begin{cases} x=7 \\ y=1 \end{cases}$, $\begin{cases} x=4 \\ y=2 \end{cases}$, $\begin{cases} x=1 \\ y=3 \end{cases}$

**❷** (1) ⑦，⑨ (2) ⑦，⑨ (3) ⑨

**❸** (1) $\begin{cases} x=-1 \\ y=4 \end{cases}$ (2) $\begin{cases} x=3 \\ y=-1 \end{cases}$ (3) $\begin{cases} x=3 \\ y=9 \end{cases}$

(4) $\begin{cases} x=-3 \\ y=2 \end{cases}$ (5) $\begin{cases} x=2 \\ y=-4 \end{cases}$ (6) $\begin{cases} x=4 \\ y=1 \end{cases}$

(7) $\begin{cases} x=8 \\ y=9 \end{cases}$ (8) $\begin{cases} x=7 \\ y=-2 \end{cases}$

**❹** (1) $\begin{cases} x=2 \\ y=-5 \end{cases}$ (2) $a=3$，$b=2$

**❺** (1) $\begin{cases} 2x+y=3200 \\ x+3y=3600 \end{cases}$

(2) 大人 1200 円，子ども 800 円

**❻** (1) $\begin{cases} x+y=620 \\ \dfrac{6}{100}x-\dfrac{5}{100}y=2 \end{cases}$

(2) 男子 300 人，女子 320 人

(3) 男子 318 人，女子 304 人

**❼** 29

---

**解き方**

**❶** (1) $x=-5$，$y=5$ を $x+3y=10$ に代入すると，

(左辺)$=-5+3×5=10=$(右辺)

となり，$x=-5$，$y=5$ は解といえます。

(2) 係数が大きい $y$ に，順に 1，2，3，…を代入して，自然数となる $x$ の値を求めます。

$x+3y=10$ より，$x=10-3y$

$y=1$ のとき，$x=10-3×1=7$

$y=2$ のとき，$x=10-3×2=4$

$y=3$ のとき，$x=10-3×3=1$

$y$ が 4 以上のときの $x$ は，負の数になり自然数になりません。

**❷** (1)(2) ⑦〜⑦の $x$，$y$ の値を，①，② の式に代入して，式が成り立つかどうかを調べます。

(3) (1)，(2) で求めた共通な値の組が，①，② の連立方程式の解となります。

**8**

**❸** (1) $\begin{cases} 3x+2y=5 & \cdots\cdots ① \\ x-2y=-9 & \cdots\cdots ② \end{cases}$

①＋② より，
$$\begin{array}{r} 3x+2y=5 \\ +)\ x-2y=-9 \\ \hline 4x\quad\ =-4 \\ x=-1 \end{array}$$

$x=-1$ を ① に代入すると，$y=4$

(2) $\begin{cases} 2x-5y=11 & \cdots\cdots ① \\ 3x-7y=16 & \cdots\cdots ② \end{cases}$

①×3　$6x-15y=33$

②×2　$\underline{-)\ 6x-14y=32}$

$\begin{array}{r} -\ \ y=1 \\ y=-1 \end{array}$

$y=-1$ を ② に代入すると，$x=3$

(3) $\begin{cases} y=2x+3 & \cdots\cdots ① \\ 3x-y=0 & \cdots\cdots ② \end{cases}$

① を ② に代入すると，

$3x-(2x+3)=0$

$3x-2x-3=0$

$\qquad x=3$

$x=3$ を ① に代入すると，$y=9$

(4) $\begin{cases} y=2x+8 & \cdots\cdots ① \\ x=2y-7 & \cdots\cdots ② \end{cases}$

① を ② に代入すると，

$x=2(2x+8)-7$

$x=4x+16-7$

$x=-3$

$x=-3$ を ① に代入すると，$y=2$

(7) 上の式の両辺に 12 をかけます。

(8) 上，下の式の両辺にそれぞれ 10 をかけます。

**❹** (1)㋐ $\begin{cases} 5x+2y=0 & \cdots ① \\ ax+by=-4 & \cdots ② \end{cases}$　㋑ $\begin{cases} bx+ay=-11 & \cdots ③ \\ 4x+3y=-7 & \cdots ④ \end{cases}$

①×3　$15x+6y=0$

④×2　$\underline{-)\ 8x+6y=-14}$

$\begin{array}{r} 7x\quad\ =14 \\ x=2 \end{array}$

$x=2$ を ① に代入すると，$y=-5$

(2)㋐，㋑は同じ解をもつので，$x=2$，$y=-5$ を ②，③ に代入すると，

$\begin{cases} 2a-5b=-4 \\ 2b-5a=-11 \end{cases}$

これを解いて，$a=3$，$b=2$

**❺** (2) $\begin{cases} 2x+y=3200 & \cdots\cdots ① \\ x+3y=3600 & \cdots\cdots ② \end{cases}$

① より，$y=3200-2x\cdots\cdots ①'$

①′ を ② に代入すると，

$x+3(3200-2x)=3600$

$x+9600-6x=3600$

$-5x=-6000$

$x=1200$

$x=1200$ を ①′ に代入すると，$y=800$

**❻** (1) 分数を小数で表して，$\begin{cases} x+y=620 \\ 0.06x-0.05y=2 \end{cases}$ としてもよいです。

別解 今年の全校生徒数から次のような連立方程式をつくってもよいです。

$\begin{cases} x+y=620 \\ 1.06x+0.95y=622 \end{cases}$

(2) $\begin{cases} x+y=620 & \cdots\cdots ① \\ \dfrac{6}{100}x-\dfrac{5}{100}y=2 & \cdots\cdots ② \end{cases}$

②×100 より，$6x-5y=200\cdots\cdots ②'$

①×5＋②′ より，$11x=3300$

$\qquad\qquad x=300$

$x=300$ を ① に代入すると，$y=320$

(3) 今年の男子の人数は，

(昨年の男子の人数)＋(昨年の男子の人数の6％)

だから，

$300+300\times0.06=318$(人)

女子の数は，

(昨年の女子の人数)－(昨年の女子の人数の5％)

だから，

$320-320\times0.05=304$(人)

**❼** 2桁の自然数を，$10a+b$ とおくと，一の位と十の位の数を入れかえた数は，$10b+a$ となります。

$\begin{cases} a+b=11 & \cdots\cdots ① \\ 10b+a=3(10a+b)+5 & \cdots\cdots ② \end{cases}$

① より，$a=11-b\cdots\cdots ①'$

② より，$10b+a=30a+3b+5$

$\qquad -29a+7b=5\cdots\cdots ②'$

①′ を ②′ に代入すると，

$-29(11-b)+7b=5$

$\qquad\qquad 36b=324$

$\qquad\qquad\ b=9$

$b=9$ を ①′ に代入すると，$a=2$

# 3章 1次関数

## 1 1次関数

**p.21-23** **Step 2**

**❶** ⑦，㊤

**解き方** $y=ax+b$ の形（$y$ が $x$ の1次式）で表される式が1次関数です。⑦は，$x$ が分母にあるので，1次式ではありません。⑦は，2次式です。

**❷** ⑦，⑦

**解き方** $y$ を $x$ の式で表すと，次のようになります。

⑦ $y=4x$

⑦ $y=\dfrac{60}{x}$ ➡ 反比例の式で，1次関数ではありません。

⑦ $y=300-80x$ ➡ $y=-80x+300$

㊤ $y=\pi x^2$

**❸** ⑴ 2cm 減る　⑵ $y=-2x+30$
　⑶ いえる

**解き方** ⑴ 3分間に $y$ は 30cm から 24cm に変化したので，1分間には，$\dfrac{24-30}{3-0}=-2$（cm）変化します。

⑵ $y=30-2x$ と表してもよいです。

⑶ $y=ax+b$ の形で表されるので，1次関数です。

**❹** ⑴ $y$ の増加量 20　　変化の割合 5
　⑵ $y$ の増加量 $-8$　　変化の割合 $-2$

**解き方** ⑴ $x$ の増加量は，$3-(-1)=4$

$y$ の増加量は，
$(5\times3-2)-\{5\times(-1)-2\}=15-2+5+2$
$\hspace{5cm}=20$

（変化の割合）$=\dfrac{（y の増加量）}{（x の増加量）}$ より，

（変化の割合）$=\dfrac{20}{4}=5$

⑵ $x$ の増加量は，$3-(-1)=4$

$y$ の増加量は，
$(-2\times3+3)-\{-2\times(-1)+3\}$
$=-6+3-2-3$
$=-8$

（変化の割合）$=\dfrac{-8}{4}=-2$

**❺** ⑴ 3　　⑵ $-2$　　⑶ $\dfrac{2}{3}$

**解き方** 1次関数 $y=ax+b$ では，変化の割合は一定で，$x$ の係数 $a$ に等しいです。

**❻** ⑴ 4　　⑵ $-6$　　⑶ 1

**解き方** （変化の割合）$=\dfrac{（y の増加量）}{（x の増加量）}$ より，

（$y$ の増加量）$=$（$x$ の増加量）$\times$（変化の割合）
1次関数の変化の割合は $x$ の係数に等しいことから求めます。

⑴ 変化の割合は 2 だから，
（$y$ の増加量）$=2\times2=4$

⑵ 変化の割合は $-3$ だから，
（$y$ の増加量）$=2\times(-3)=-6$

⑶ 変化の割合は $\dfrac{1}{2}$ だから，

（$y$ の増加量）$=2\times\dfrac{1}{2}=1$

**❼** ⑴ 4　　⑵ $-2$

**解き方** 切片のちがいが，平行移動した長さになります。

⑴ 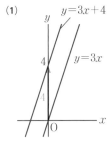　　⑵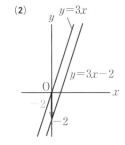

**❽** ⑴ 傾き 5　　　　切片 $-4$
　⑵ 傾き $-\dfrac{1}{3}$　　切片 3
　⑶ 傾き 1　　　　切片 2

**解き方** 1次関数 $y=ax+b$ のグラフは，傾きが $a$，切片が $b$ の直線です。

⑶ $x$ は，$1\times x$ と考えます。

❾

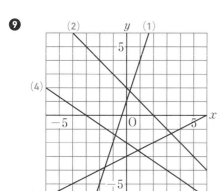

解き方 切片や傾きなどをもとにして，グラフが通る2点を求めます。次の2通りのかき方があります。

① 傾きと切片を求めてかく。

（例）(1)は，傾き3，切片1

（2)は，傾き−1，切片2

② $y$ が整数となるような適当な整数を $x$ に選び，2点を求めてかく。

（例）(3)は，2点 $(0, -3)$，$(2, -2)$ を通る。

（4)は，2点 $(-3, 0)$，$(0, -2)$ を通る。

❿ (1) $y$ の変域 $-3 \leqq y \leqq 3$

(2) $y$ の変域 $1 \leqq y < 3$

(3) $y$ の変域 $-3 \leqq y < -1$

（グラフは下の図）

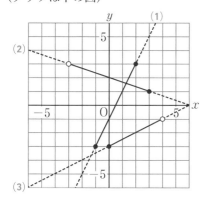

解き方 変域の両端の座標を求めてグラフをかきます。また，変域の部分は実線で示し，変域にふくまれない部分は点線で示します。その点をふくまないことは○で示します。

(1) $(-1, -3)$ と $(2, 3)$ を結ぶ。

(2) $(-3, 3)$ と $(3, 1)$ を結ぶ。

(3) $(0, -3)$ と $(4, -1)$ を結ぶ。

⓫ (1) $y = -\dfrac{1}{2}x + 3$ (2) $y = -\dfrac{3}{4}x - 3$

(3) $y = \dfrac{1}{2}x + 2$ (4) $y = \dfrac{1}{3}x - 3$

解き方 (1)直線は $y$ 軸上の点 $(0, 3)$ を通るから，切片は3であり，右へ2だけ進むと下へ1だけ進むから，傾きは $-\dfrac{1}{2}$ です。よって，求める式は，$y = -\dfrac{1}{2}x + 3$

(2)直線は $y$ 軸上の点 $(0, -3)$ を通るから，切片は $-3$ であり，右へ4だけ進むと下へ3だけ進むから，傾きは $-\dfrac{3}{4}$ です。よって，求める式は，$y = -\dfrac{3}{4}x - 3$

(3)直線は $y$ 軸上の点 $(0, 2)$ を通るから，切片は2であり，右へ2だけ進むと上へ1だけ進むから，傾きは $\dfrac{1}{2}$ です。よって，求める式は，$y = \dfrac{1}{2}x + 2$

(4)直線は $y$ 軸上の点 $(0, -3)$ を通るから，切片は $-3$ であり，右へ3だけ進むと上へ1だけ進むから，傾きは $\dfrac{1}{3}$ です。よって，求める式は，$y = \dfrac{1}{3}x - 3$

⓬ (1) $y = 2x + 5$ (2) $y = -\dfrac{1}{3}x - 1$

(3) $y = 5x + 3$ (4) $y = -x + 5$

解き方 求める直線の式を $y = ax + b$ とします。

(1)傾きが2より $a = 2$ だから，$y = 2x + b$

点 $(-2, 1)$ を通るから，上の式に $x = -2$，$y = 1$ を代入すると，$b = 5$

したがって，求める式は，$y = 2x + 5$

(2)傾きが $-\dfrac{1}{3}$ より $a = -\dfrac{1}{3}$ だから，$y = -\dfrac{1}{3}x + b$

点 $(3, -2)$ を通るから，上の式に $x = 3$，$y = -2$ を代入すると，$b = -1$

したがって，求める式は，$y = -\dfrac{1}{3}x - 1$

(3)直線 $y = 5x$ に平行なので，傾きは5より $a = 5$ だから，$y = 5x + b$

$x = -1$，$y = -2$ を代入すると，$b = 3$

したがって，求める式は，$y = 5x + 3$

(4)2点 $(2, 3)$，$(4, 1)$ を通るから，グラフの傾きは，

$\dfrac{1-3}{4-2} = -1$ より $a = -1$

よって，$y = -x + b$

$x = 2$，$y = 3$ を代入すると，$b = 5$

したがって，求める式は，$y = -x + 5$

## 2 方程式と1次関数　　3 1次関数の利用

**p.25-27**　**Step ❷**

❶ (1) $y=2x-1$　　　(2) $y=-\dfrac{1}{2}x+2$

(3) $y=\dfrac{2}{3}x-2$　　　（グラフは下の図）

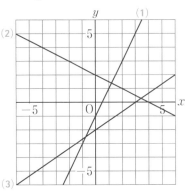

**解き方** $y$ について解き，傾きと切片からグラフをかきます。

(1) $2x-y=1$

$-y=-2x+1$

$y=2x-1$ ➡ 切片は $-1$，傾きは $2$

(2) $x+2y=4$

$2y=-x+4$

$y=-\dfrac{1}{2}x+2$ ➡ 切片は $2$，傾きは $-\dfrac{1}{2}$

(3) $2x-3y=6$

$-3y=-2x+6$

$y=\dfrac{2}{3}x-2$ ➡ 切片は $-2$，傾きは $\dfrac{2}{3}$

❷ (1) $x=0$ のとき $y=3$　　　$y=0$ のとき $x=2$

(2) $x=0$ のとき $y=-4$　　　$y=0$ のとき $x=2$

(3) $x=0$ のとき $y=4$　　　$y=0$ のとき $x=-3$

（グラフは下の図）

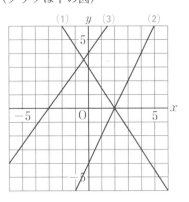

**解き方** それぞれ，次の2点を通ることからグラフをかきます。

(1) 2点 $(0,\ 3)$，$(2,\ 0)$ を通る直線。

(2) 2点 $(0,\ -4)$，$(2,\ 0)$ を通る直線。

(3) 2点 $(0,\ 4)$，$(-3,\ 0)$ を通る直線。

❸

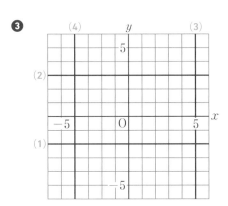

**解き方** $a,\ b,\ c$ を定数とするとき，2元1次方程式 $ax+by+c=0$ のグラフは，

$a=0$ のとき…$x$ 軸に平行な直線

$b=0$ のとき…$y$ 軸に平行な直線

(1) $y=-2$ のグラフは，点 $(0,\ -2)$ を通り，$x$ 軸に平行な直線となります。

(2) $4y=12$ より，$y=3$

したがって，$4y=12$ のグラフは，点 $(0,\ 3)$ を通り，$x$ 軸に平行な直線となります。

(3) $x=5$ のグラフは，点 $(5,\ 0)$ を通り，$y$ 軸に平行な直線となります。

(4) $3x+12=0$ より，$x=-4$

したがって，$3x+12=0$ のグラフは，点 $(-4,\ 0)$ を通り，$y$ 軸に平行な直線となります。

❹ (1) $\begin{cases} x=-2 \\ y=5 \end{cases}$　　(2) $\begin{cases} x=2 \\ y=-1 \end{cases}$　（グラフは下の図）

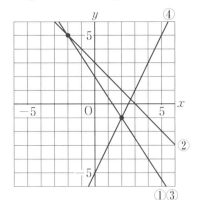

**解き方** 傾きと切片からグラフをかきます。

(1)①を $y$ について解くと、

$$y = -\frac{3}{2}x + 2$$

➡ 切片 2，傾き $-\frac{3}{2}$ の直線

②を $y$ について解くと、

$$y = -x + 3$$

➡ 切片 3，傾き $-1$ の直線

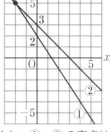

以上より，①，②のグラフをかくと，①，②の交点は

$(-2, 5)$ となります。

(2)③の式は(1)の①と同じ

です。④は $y = 2x - 5$ だか

ら，切片 $-5$，傾き 2 の直

線です。

以上より，④のグラフをか

くと，③，④の交点は

$(2, -1)$ となります。

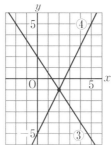

❺ (1)$\ell$ $y = x + 5$　　　　$m$ $y = -\frac{1}{3}x + 1$

(2)$P(-3, 2)$

**解き方** (1)直線 $\ell$ について，切片は 5 です。

2点 $(-5, 0)$, $(0, 5)$ を通るから，グラフの傾きは，

$$\frac{5-0}{0-(-5)} = 1$$

よって，直線 $\ell$ の式は，$y = x + 5$ です。

直線 $m$ について，切片は 1 です。

2点 $(0, 1)$, $(3, 0)$ を通るから，グラフの傾きは，

$$\frac{0-1}{3-0} = -\frac{1}{3}$$

よって，直線 $m$ の式は，$y = -\frac{1}{3}x + 1$ です。

(2)連立方程式 $\begin{cases} y = x + 5 \\ y = -\frac{1}{3}x + 1 \end{cases}$ を解くと，$x = -3$，

$y = 2$ となるから，交点 P の座標は，$(-3, 2)$ です。

❻ (1)

(2)$0 \leq x \leq 11$　　　　(3)$0 \leq y \leq 6$

**解き方** (1)点 P がどの辺上を動いているかによって，

△PAB の面積を求める式が変わります。

㋐ 点 P が辺 BC 上にあるとき。

$$y = 3 \times x \times \frac{1}{2} = \frac{3}{2}x$$

㋑ 点 P が辺 CD 上にあるとき。

$$y = 3 \times 4 \times \frac{1}{2} = 6$$

㋒ 点 P が辺 DA 上にあるとき。

$$y = 3 \times (11-x) \times \frac{1}{2} = -\frac{3}{2}x + \frac{33}{2}$$

(2)点 P が長方形の頂点 B を出発し，頂点 C，頂点 D

を通って頂点 A まで移動するので，$x$ の最大値は，

$4 + 3 + 4 = 11$(cm) となります。

❼ (1)正人 **毎分 180m**　　由利 **毎分 140m**

(2)正人 $y = 180x$　　由利 $y = -140x + 4000$

(3)**12.5 分後，A 地点から 2250 m のところ**

**解き方** (1)2人が同時に出発してから進んだ道のり

をグラフから読み取ります。10 分後に A 地点からそ

れぞれ

正人…1800 m(C 地点)

由利…2600 m(D 地点)

の位置にいるから，それ

ぞれの進んだ道のりは，

正人…1800 m

由利…(4000−2600)m

です。したがって，

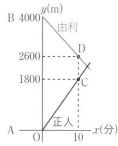

正人の進む速さは，$1800 \div 10 = 180$

由利の進む速さは，$(4000 - 2600) \div 10 = 140$

(2)$y$ は A 地点からの道のりで表すから，

正人…$y = 180x$

由利は A 地点から 4000m 離れた B 地点から A 地点

に向かっていることに注目して，

由利…$y = -140x + 4000$

となります。

由利については，$y=4000-140x$ と表してもよいです。

(3) 2人が出会うのは，2つの直線の交点です。

連立方程式 $\begin{cases} y=180x \\ y=-140x+4000 \end{cases}$ を解くと，

$x=12.5$，$y=2250$
となるから，2人が
出会うのは出発して
から 12.5 分後で，出
会う地点は，A 地点
から 2250m のところ
です。

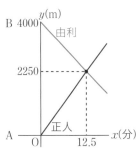

❽ (1) ばねA 30mm　　　ばねB 40mm

(2) おもりの重さ 25g，ばねの長さ 45mm

【解き方】(1) 何もつるさないから，$x=0$ です。

それぞれのグラフで，$x=0$ のときの $y$ の値を読み取
ります。

(2) まず，2つの直線の式を求めます。

ばね A の直線は切片が 30 で，ばね A に 10g のおも
りをつるすと 6mm のびるから，傾きは，

$$\frac{6}{10}=\frac{3}{5}$$

です。よって，ばね A の直線の式は，$y=\frac{3}{5}x+30$

ばね B の直線は切片が 40 で，ばね B に 10g のおも
りをつるすと 2mm のびるから，傾きは，

$$\frac{2}{10}=\frac{1}{5}$$

です。よって，ばね B の直線の式は，$y=\frac{1}{5}x+40$

2つのばねの長さが等しくなるのは，2つの直線が交
わるときです。

連立方程式 $\begin{cases} y=\frac{3}{5}x+30 \\ y=\frac{1}{5}x+40 \end{cases}$ を解くと，

$x=25$，$y=45$
2つのばねの長さが等しく
なるのは，25g のおもりを
つるしたときで，そのとき
のばねの長さは 45mm です。

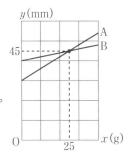

---

❶ ⑦，⑨

❷ (1) $-4$　(2) $-\dfrac{2}{3}$　(3) $-2\leqq y\leqq 4$

❸ (1) ① $y=-x-2$　② $y=3$　③ $y=\dfrac{2}{3}x+3$

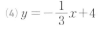　④ $x=4$

(2) $(-3,\ 1)$

(3)(4)（右の図）

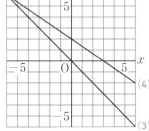

❹ (1) $y=5x-3$

(2) $y=-2x+3$

(3) $y=2x-3$

(4) $y=-\dfrac{1}{3}x+4$

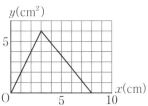

❺ (1) 18cm　(2) 24.4cm

❻ (1) $y=180x-1080$

(2) 3 分後，家から 540m の地点

❼ (1) $0\leqq x\leqq 3$ のとき，$y=2x$

$3\leqq x\leqq 8$ のとき，

$$y=-\frac{6}{5}x+\frac{48}{5}$$

(2)（右の図）

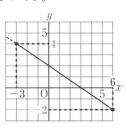

---

【解き方】

❶ 1次関数は，$y=ax+b$ の形で表されます。

❷ (1) $\left\{-\dfrac{2}{3}\times 5+2\right\}-\left\{-\dfrac{2}{3}\times(-1)+2\right\}$

$=-\dfrac{10}{3}+2-\dfrac{2}{3}-2=-4$

別解（$y$ の増加量）＝（$x$ の増加量）×（変化の割合）

であり，変化の割合は $-\dfrac{2}{3}$ だから，

（$y$ の増加量）$=-\dfrac{2}{3}\times\{5-(-1)\}=-4$

(2) $x$ の増加量は，$5-(-1)=6$

（変化の割合）$=\dfrac{（y の増加量）}{（x の増加量）}=\dfrac{-4}{6}=-\dfrac{2}{3}$

別解 $x$ の係数を答えてもよいです。

(3) $x=-3$ のとき $y=4$，
$x=6$ のとき $y=-2$
だから，$y$ の変域は，
$-2\leqq y\leqq 4$ です。
注意 $4\leqq y\leqq-2$ と書か
ないように注意します。

❸ (1)① この直線は $y$ 軸上の点 $(0, -2)$ を通るから，切片は $-2$ であり，右へ $1$ だけ進むと下へ $1$ だけ進むから，傾きは $-1$ です。

したがって，求める式は，$y = -x - 2$

② この直線は $y$ 軸上の点 $(0, 3)$ を通り，$x$ 軸に平行だから，求める式は，$y = 3$ です。

③ この直線は $y$ 軸上の点 $(0, 3)$ を通るから，切片は $3$ であり，右へ $3$ だけ進むと上へ $2$ だけ進むから，傾きは $\dfrac{2}{3}$ です。

したがって，求める式は，$y = \dfrac{2}{3}x + 3$

④ この直線は $x$ 軸上の点 $(4, 0)$ を通り，$y$ 軸に平行だから，求める式は，$x = 4$

(2) グラフの交点の座標を読み取るか，連立方程式

$\begin{cases} y = -x - 2 \\ y = \dfrac{2}{3}x + 3 \end{cases}$ を解きます。

(3) $y = -x - 2$ の切片 $-2$ より $2$ 大きくなるから切片は $0$ になります。直線の式は $y = -x$ です。

(4) $x = 0$ のとき $y = 2$，$y = 0$ のとき $x = 3$ だから，$2$ 点 $(0, 2)$，$(3, 0)$ を通る直線のグラフになります。

❹ 求める直線の式を $y = ax + b$ とします。

(1) 変化の割合が $5$ であるから，$a = 5$ で，

$y = 5x + b$

$x = 1$，$y = 2$ を代入すると，$b = -3$

したがって，求める式は，$y = 5x - 3$

(3) 直線 $y = 2x + 3$ に平行なので，傾きは $2$ より $a = 2$ だから，$y = 2x + b$

$x = 2$，$y = 1$ を代入すると，$b = -3$

したがって，求める式は，$y = 2x - 3$

(4) $2$ 点 $(-3, 5)$，$(6, 2)$ を通るから，グラフの傾きは，

$\dfrac{2-5}{6-(-3)} = -\dfrac{1}{3}$ より $a = -\dfrac{1}{3}$

よって，$y = -\dfrac{1}{3}x + b$

$x = 6$，$y = 2$ を代入すると，$b = 4$

したがって，求める式は，$y = -\dfrac{1}{3}x + 4$

❺ おもり $1\,\mathrm{g}$ をつるしたときのばねののびを $a\,\mathrm{cm}$，おもりをつるさないときのばねの長さを $b\,\mathrm{cm}$ とすると，$x\,\mathrm{g}$ のおもりをつるしたときのばねの長さ $y\,\mathrm{cm}$ は，$y = ax + b$ で表されます。

(1) 連立方程式 $\begin{cases} 30a + b = 20.4 \\ 50a + b = 22 \end{cases}$ を解くと，

$a = 0.08$，$b = 18$

(2) (1) より，$y = 0.08x + 18$

$x = 80$ を代入すると，$y = 0.08 \times 80 + 18 = 24.4$

❻ (1) $y = 180x + b$ とおきます。グラフ上の点 $(6, 0)$ を通るから，$180 \times 6 + b = 0$ より $b = -1080$

別解 次のように求めてもよいです。

兄が進む時間は，$(x - 6)$ 分になるから，進んだ道のりは $180(x - 6)\,\mathrm{m}$ です。よって，$y = 180(x - 6)$

(2) グラフから，香織（かおり）さんは $5$ 分間で $300\,\mathrm{m}$ 進むから，香織さんの速さは毎分 $60\,\mathrm{m}$ です。

したがって，香織さんの進んだ道のりは，$y = 60x$

兄が香織さんを追い越すのは，$2$ つの直線の交点であるから，$y = 60x$ と(1)で求めた式からたてた連立方程式

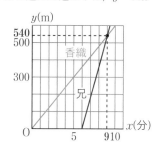

$\begin{cases} y = 180x - 1080 \\ y = 60x \end{cases}$ を解くと，$x = 9$，$y = 540$

兄が進んだ時間は，$9 - 6 = 3$(分)です。

❼ (1) ⑦ 点 $\mathrm{P}$ が辺 $\mathrm{BC}$ 上にあるとき，

$y = 4 \times x \times \dfrac{1}{2} = 2x$

④ 点 $\mathrm{P}$ が辺 $\mathrm{CA}$ 上にあるとき，

$\mathrm{BC} + \mathrm{CP} = x$ だから，

$\begin{aligned} \mathrm{PA} &= (\mathrm{BC} + \mathrm{CA}) - (\mathrm{BC} + \mathrm{CP}) \\ &= (3 + 5) - x \\ &= 8 - x \end{aligned}$

です。したがって，

$\begin{aligned} y &= (8 - x) \times 2.4 \times \dfrac{1}{2} \\ &= -\dfrac{6}{5}x + \dfrac{48}{5} \end{aligned}$

以上をまとめると，

$0 \leqq x \leqq 3$ のとき，$y = 2x$

$3 \leqq x \leqq 8$ のとき，$y = -\dfrac{6}{5}x + \dfrac{48}{5}$

(2) 変域に注意してグラフをかきます。

$y = 2x$ は変域が $0 \leqq x \leqq 3$ で，$2$ 点 $(0, 0)$，$(3, 6)$ を通る直線です。$y = -\dfrac{6}{5}x + \dfrac{48}{5}$ は変域が $3 \leqq x \leqq 8$ で，$2$ 点 $(3, 6)$，$(8, 0)$ を通る直線です。

# 4章 図形の性質の調べ方

### 1 いろいろな角と多角形

**p.31-33**　**Step ❷**

❶ $\angle x = 50°$, $\angle y = 110°$, $\angle z = 20°$

**解き方** $\angle x$ は $50°$ の対頂角で, $\angle z$ は $20°$ の対頂角です。

$\angle x + \angle y + \angle z = 180°$ より,

$\angle y = 180° - (\angle x + \angle z)$

　　$= 180° - (50° + 20°)$

　　$= 110°$

参考　$\angle x$　　　　$\angle z$　　　　$\angle y$

❷ (1) $\ell /\!/ m$　　　　　　(2) $\angle x$ と $\angle y$

**解き方** (1) $180° - 112° = 68°$ より, 直線 $\ell$ と直線 $m$ の同位角が等しくなります。直線 $\ell$ と直線 $n$ の同位角は等しくありません。

(2) 平行線の同位角は等しいから, $\angle x = \angle y$ です。

❸ (1) $\angle b + \angle c$　(2) $\angle a$　　(3) $\angle a + \angle b$

**解き方** (1) $\angle a + \angle d$, $\angle b + \angle e$ も $180°$ になりますが, これらは直線 $n$ を表していません。

(3) $\angle b + \angle c = 180°$ に $\angle c = \angle a$ を代入します。

❹ (1) $\angle x = 115°$　　　　$\angle y = 65°$

(2) $\angle x = 65°$　　　　$\angle y = 115°$

(3) $\angle x = 40°$　　　　$\angle y = 128°$

(4) $\angle x = 40°$　　　　$\angle y = 120°$

**解き方** (1) $\angle x = 180° - 65° = 115°$

平行線の同位角は等しいから, $\angle y = 65°$

(2) 同位角や錯角をかき入れると右図のようになります。

$\angle x = 180° - (70° + 45°) = 65°$

$\angle y = 180° - \angle x = 180° - 65°$

　　　$= 115°$

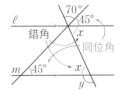

(3) 折れ線の頂点を通り, 直線 $\ell$, $m$ に平行な直線をひくと, 平行線の錯角が等しいことが利用できます。

$180° - 140° = 40°$

$120° - 40° = 80°$

$180° - 80° = 100°$

$\angle y = 100° + 28°$

　　$= 128°$

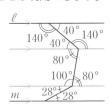

(4) 直線 $n$ のところで, $\angle x$ の錯角を考えると,

$\angle x + 140° = 180°$ より, $\angle x = 40°$

直線 $m$ のところで, $20°$ の錯角を考えると,

$\angle x + 20° + \angle y = 180°$

$\angle y = 180° - (40° + 20°) = 120°$

❺ (1) $50°$　　　　(2) $75°$　　　　(3) $35°$

(4) $75°$　　　　(5) $75°$　　　　(6) $20°$

**解き方** (1) 三角形の内角の和は $180°$ だから,

$\angle x = 180° - (60° + 70°) = 50°$

(2) 三角形の外角は, これととなり合わない 2 つの内角の和に等しいから,

$\angle x = 50° + 25° = 75°$

(3) 三角形の外角は, これととなり合わない 2 つの内角の和に等しいから,

$\angle x + 90° = 125°$ より, $\angle x = 35°$

(4) 2 つの三角形に共通な外角の大きさを考えます。

$\angle x + 60° = 45° + 90°$

　　$\angle x = 75°$

(5) 三角形の外角は, これととなり合わない 2 つの内角の和に等しいから,

$\angle x + 35° = 110°$

　　$\angle x = 75°$

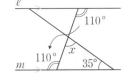

(6) $35°$ の同位角を直線 $\ell$ のところに移して, 外角を考えます。

$\angle x + 35° = 55°$ より,

$\angle x = 20°$

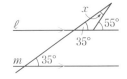

❻ (1) 鈍角三角形 (2) 直角三角形 (3) 鋭角三角形

**解き方** (1) $180° - (60° + 10°) = 110°$

三角形の 1 つの内角が鈍角だから, 鈍角三角形です。

⑵ $180°－(40°+50°)=90°$

三角形の 1 つの内角が直角だから，直角三角形です。

⑶ $180°－(50°+60°)=70°$

三角形の 3 つの内角がすべて鋭角だから，鋭角三角形です。

❼ ⑴ $145°$　　　　　　⑵ $100°$
　⑶ $100°$　　　　　　⑷ $145°$

解き方 ⑴四角形の内角の和は $360°$ だから，

$75°+60°+80°+∠x=360°$

これを解いて，$∠x=145°$

⑵四角形の内角の和は $360°$ だから，

$∠x+90°+110°+(180°－120°)=360°$

これを解いて，$∠x=100°$

⑶多角形の外角の和は $360°$ だから，

$(180°－∠x)+(180°－90°)+20°+110°+60°=360°$

これを解いて，$∠x=100°$

　別解五角形の内角の和から求めてもよいです。

　五角形の内角の和は，$180°×(5－2)=540°$ になります。図の外角から内角を求め，五角形の内角の和を考えると，

$∠x+(180°－60°)+(180°－110°)$
$+(180°－20°)+90°=540°$

　これより，$∠x=100°$

⑷多角形の外角の和は $360°$ だから，

$(180°－∠x)+60°+(180°－110°)+80°$
$+60°+(180°－125°)=360°$

これを解いて，$∠x=145°$

❽ ⑴ $1080°$　　　　　　⑵ $144°$
　⑶ $18°$　　　　　　　⑷ $24°$

解き方 ⑴$180°×(8－2)=1080°$

⑵$180°×(10－2)=1440°$

$1440°÷10=144°$

　別解次のように考えてもよいです。

　1 つの外角の大きさは，$360°÷10=36°$

　1 つの内角の大きさは，$180°－36°=144°$

⑶$360°÷20=18°$

⑷$180°×(n－2)=2340°$ より，$n=15$

$360°÷15=24°$

## 2 図形の合同

**p.35-37**　**Step 2**

❶ ⑴ 辺 GH　　　⑵ ∠HEG　　　⑶ 線分 EG

解き方 角の大きさから，A と E が対応することがわかります。辺 AB，AD と辺 EF，EH の長さを比べることにより，B と F，D と H が対応することがわかります。

したがって，2 つの四角形のそれぞれ対応する頂点が同じ順序になるように並べ，この四角形が合同であることを記号を使って表すと，四角形 ABCD≡ 四角形 EFGH となる。

⑴C，D に対応する点は G，H です。

⑵D，A，C に対応する点は H，E，G です。

⑶A，C に対応する点は E，G です。

❷ 合同な三角形 ⑦，㋔　　　，合同条件 ①
　合同な三角形 ㋑，㋕，㋘，合同条件 ③
　合同な三角形 ㋒，㋓，㋙，合同条件 ②

解き方 合同条件にあてはめて考えます。

⑦では，3 辺の長さが，㋑では，1 辺の長さとその両端の角の大きさが，㋒では，2 辺の長さとその間の角の大きさがそれぞれわかっています。

㋘の三角形の残り 1 つの角の大きさは，

$180°－(60°+85°)=35°$

したがって，㋘は㋑と合同になります。

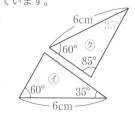

❸ 合同な三角形 △OAD≡△OCB，合同条件 ③

解き方 平行線の錯角は等しいから，

$∠OAD=∠OCB$，

$∠ODA=∠OBC$

になります。

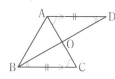

❹ ⑴ 仮定 $AB=AC$，結論 $∠B=∠C$

　⑵ 仮定 $a$，$b$ が連続する自然数，
　　結論 $a+b$ は奇数

解き方 ⑵ 仮定や結論がことばで表されている場合もあります。

17

**❺**（図は右）

仮定 ∠POA＝∠POB

　　　∠PAO＝90°

　　　∠PBO＝90°

結論 PA＝PB

**解き方** 作図問題ではないので，作図の線は残さないでよいです。図に，同じ大きさの角であることを示す記号や垂直の記号をかきこんでおきます。

仮定の，∠PAO＝90°，∠PBO＝90°は，それぞれ，PA⊥OA，PB⊥OB としてもよいです。

**❻**(1) 仮定 AB＝AC，∠BAM＝∠CAM

　　　結論 BM＝CM

(2) △ABM と △ACM

(3)(ア) △ACM　(イ) AC　(ウ) ∠CAM

　　(エ) 2組の辺とその間の角がそれぞれ等しい

　　(オ) △ACM　(カ) 対応する辺

　　(キ) CM

**解き方** (1) 仮定や結論を書くときにも，対応する辺や角の関係を考えて表します。

(3) 合同条件は，同じ内容になっていれば，表現が多少ちがってもよいです。

**❼**（例）△ABC と △DCB において，

仮定から，　　　　　　AB＝DC ……①

　　　　　　　　　　　AC＝DB ……②

共通な辺だから，　　　BC＝CB ……③

①，②，③ から，3組の辺がそれぞれ等しいから，

△ABC≡△DCB

合同な図形の対応する角は等しいから，

∠BAC＝∠CDB

**解き方** 仮定より，AB＝DC，AC＝DB

共通な辺より，BC＝CB

別解 △ABD と △DCA が合同であることを利用して導くこともできます。

△ABD と △DCA において，

仮定から，AB＝DC ……①，DB＝AC ……②

共通な辺だから，AD＝DA ……③

①，②，③ から，3組の辺がそれぞれ等しいので，

△ABD≡△DCA

合同な三角形の対応する角だから，

∠BAD＝∠CDA ……④

∠BDA＝∠CAD ……⑤

④，⑤ から，

∠BAC＝∠BAD－∠CAD

　　　　＝∠CDA－∠BDA＝∠CDB

**❽**（例）△OAP と △OBQ において，

仮定より，　　　　　　AP＝BQ ……①

ℓ∥m から，平行線の錯角は等しいので，

　　　　　∠OAP＝∠OBQ ……②

　　　　　∠OPA＝∠OQB ……③

①，②，③ から，1組の辺とその両端の角がそれぞれ等しいから，

△OAP≡△OBQ

合同な図形の対応する辺は等しいから，

AO＝BO

**解き方** AO＝BO を証明するために，AO を辺にもつ三角形と BO を辺にもつ三角形に注目して，その合同を証明します。

△OAP≡△OBQ を証明するときに AO＝BO を使うことはできません。

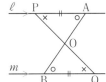

**❾**(1) 逆 1つの内角が 90°より大きい三角形は鈍角三角形である。

　　　正誤（反例）正しい。

(2) 逆 $a>5$ ならば，$a>7$ である。

　　　正誤（反例）正しくない。反例は $a＝6$

(3) 逆 4つの辺の長さが等しい四角形は正方形である。

　　　正誤（反例）正しくない。反例はひし形。

**解き方** 仮定と結論を入れかえて逆をつくります。

(1) 1つの内角が 90°より大きい（鈍角である）三角形を鈍角三角形といい，鈍角三角形の定義です。

(3) 右の図のようにひし形は，4つの辺の長さが等しい四角形ですが，正方形ではありません。

❶ (1) 125° 　(2) 55° 　(3) 65° 　(4) 60° 　(5) 90°
　　(6) 40° 　(7) 20° 　(8) 122°

❷ (1) 22.5° 　(2) 3240° 　(3) 正八角形 　(4) 十二角形

❸ (1) 72° 　(2) 108° 　(3) 48° 　(4) 12°

❹ (1) 仮定 ∠B＝∠C 　　　結論 AB＝AC
　　(2) 仮定 ∠A＋∠B＝90° 　結論 ∠C＝90°
　　(3) 仮定 $x > 0$，$y < 0$ 　　結論 $xy < 0$

❺ (1) 逆 対応する 3 辺がそれぞれ等しい 2 つの三
　　角形は合同である。
　　　　正誤（反例）正しい。
　　(2) 逆 $a+b < 0$ ならば，$a < 0$，$b < 0$ である。
　　　　正誤（反例）正しくない。反例は $a = -3$，$b = 1$
　　(3) 逆 2 組の対辺がそれぞれ等しい四角形は，
　　平行四辺形である。
　　　　正誤（反例）正しい。
　　(4) 逆 $xy < 0$ ならば，$x < 0$，$y > 0$ である。
　　　　正誤（反例）正しくない。反例は $x = 1$，$y = -2$

❻ (1) 仮定 MA＝MB，OM⊥AB，NB＝NC，ON⊥BC
　　結論 OA＝OB＝OC
　　(2) △OAM と △OBM，△OBN と △OCN
　　(3) (例) △OAM と △OBM において，
　　仮定より，　　　　　　MA＝MB ……①
　　　　　　　　∠OMA＝∠OMB ……②
　　共通な辺だから，　　　OM＝OM ……③
　　①，②，③ より，2 組の辺とその間の角がそ
　　れぞれ等しいから，△OAM≡△OBM
　　合同な図形の対応する辺は等しいから OA＝OB

**解き方**

❶ (1) 55°の同位角を考えて，∠$x$＋55°＝180°より，
　　∠$x$＝125°
　　(2) 図に 70°の対頂角をかき入れると，平行線の同
　　位角は等しいから，∠$x$＋70°＝125°
　　これを解いて，∠$x$＝55°
　　(3) 折れ線の頂点を通り，直線 ℓ に
　　平行な直線をひいて考えます。
　　(4) (3)と同様，45°の角と ∠$x$ の
　　頂点を通り，直線 ℓ に平行な直
　　線をひいて考えます。

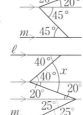

(5) 平行線の錯角の性質を使うと，
●2 つと×2 つの和は 180°になるか
ら，●1 つと×1 つの和は 90°です。

(6) 三角形の内角の和は 180°だから，
∠$x$＋(180°－115°)＋(180°－105°)＝180°
これを解いて，∠$x$＝40°

(7) 2 つの三角形に共通な外角に着目すると，
∠$x$＋90°＝30°＋80°より，∠$x$＝20°

(8) ●2 つと×2 つの和は，180°－64°＝116°
だから，●1 つと×1 つの和は，
116°÷2＝58°
∠$x$＝180°－58°＝122°

❷ (1) 360°÷16＝22.5°
　　(2) 180°×(20－2)＝3240°
　　(3) 360°÷45°＝8 ➡ 正八角形
　　(4) 180°×($n$－2)＝1800°を解いて，$n$＝12

❸ (1) 360°÷5＝72°
　　(2) 180°－72°＝108°
　　(3) 右の図のように，
　　ED を延長し，∠$x$ の
　　同位角を考えると，
　　∠$x$＋24°＝72°より，∠$x$＝48°
　　(4) ∠EAF＝180°－(72°＋48°)＝60°
　　∠$y$＝180°－(60°＋108°)＝12°

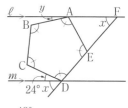

❹ 「～ならば，…である」の形式の文では，～の部分
が仮定，…の部分が結論です。
(1)(2)「△ABC で」は書く必要はありません。

❺ (1) 三角形の合同条件です。「2 つの三角形で対応す
る 3 辺がそれぞれ等しければ，合同である。」と答
えてもいいです。
(2) $a$，$b$ の一方が負で，他方が負でない数の組で，
$a+b < 0$ を満たす例を 1 つあげればよいです。
(3) 「～ならば，…」の文になっていませんが，詳し
く書くと，「ある四角形があって，その四角形が平
行四辺形ならば，2 組の対辺の長さはそれぞれ等
しい。」となります。この逆を考えます。
(4) 反例は，$x > 0$，$y < 0$ である $x$，$y$ の組み合わせ
であれば，どのようなものでもよいです。

❻ (1) OM が AB の垂直二等分線であることは，
MA＝MB，OM⊥AB で表されます。
(3) 合同の証明では，合同条件をかならず書きます。

# 5章 三角形・四角形

## 1 三角形

p.41-42 Step ❷

❶ (1) 3 つの辺が等しい三角形

(2) 1 つの内角が直角である三角形

**解き方** (1)「3 つの角が等しい三角形」は，正三角形の定義ではありません。

(2)「直角」は「90°」と表してもよいです。

❷ (1) $\angle x = 67°$　　　$\angle y = 46°$

(2) $\angle x = 52°$　　　$\angle y = 90°$

(3) $\angle x = 72°$　　　$\angle y = 36°$

**解き方** (1) AB＝AC だから，△ABC は二等辺三角形です。二等辺三角形の底角は等しいから，

$\angle x = 67°$

$\angle y = 180° - (67° + 67°) = 46°$

(2) PA＝PB だから，△PAB は二等辺三角形です。
底角は等しいから，

$\angle PAB = \angle PBA = 38°$

三角形の外角の性質より，

$\angle APC = 38° + 38° = 76°$

PA＝PC で △APC は二等辺三角形だから，

$\angle x = (180° - 76°) \div 2 = 52°$

$\angle y = \angle x + 38° = 52° + 38° = 90°$

(3) AC＝AB だから，△ABC は二等辺三角形です。二等辺三角形の底角は等しいから，

$\angle ABC = \angle x$

$\angle x = (180° - 36°) \div 2 = 72°$

BD＝BC だから，△BCD は二等辺三角形です。

$\angle CBD = 180° - (72° + 72°) = 36°$

$\angle ABC = 72°$ だから，

$\angle y = 72° - 36° = 36°$

　別解 $\angle y$ は，次のように考えてもよいです。

　三角形の外角の性質を使って，

　$36° + \angle y = \angle BDC$

　$\angle BDC = \angle x = 72°$

　$36° + \angle y = 72°$ より，$\angle y = 36°$

❸ (1) $\angle ACD$　　　(2) $\angle ADC$　　　(3) $\angle CAD$

(4) 1 組の辺とその両端の角がそれぞれ等しい

(5) △ACD　　　(6) 対応する辺

(7) AC

**解き方** 斜辺については，仮定にふくまれていないので，直角三角形の合同条件は使えません。

三角形の合同条件

次のどれか 1 つが成り立てば合同である。

① 3 組の辺がそれぞれ等しい。

② 2 組の辺とその間の角がそれぞれ等しい。

③ 1 組の辺とその両端の角がそれぞれ等しい。

また，記号は対応する頂点の順に書きます。

(3)

❹ (1) (例) △ABE と △CAD において，

仮定より，　　　　　　　AE＝CD ……①

△ABC は正三角形だから，　AB＝CA ……②

$\angle BAE = \angle ACD = 60°$　……③

①，②，③ から，2 組の辺とその間の角がそれぞれ等しいから，

△ABE ≡ △CAD

(2) 120°

**解き方** (2) (1) より，△ABE ≡ △CAD だから，

$\angle ABE = \angle CAD$ ……①

△ABE の内角の和より，

$\angle ABE + \angle AEB + \angle BAE = 180°$

$\angle BAE = 60°$ だから，

$\angle ABE + \angle AEB = 120°$ ……②

①，②と，三角形の外角は，これととなり合わない 2 つの内角の和に等しいことから，

$\angle APB = \angle CAD + \angle AEB$

　　　　$= \angle ABE + \angle AEB$

　　　　$= 120°$

❺ (1) △DFC　　(2) DC　　(3) 同位角
(4) ∠DCF　　(5) ∠DFC　　(6) 1つの鋭角
(7) △DFC　　(8) FC

解き方 対応する図形の関係に気をつけて，辺や角
を書きます。
直角三角形の合同条件
次のどちらか1つが成り立てば合同である。
① 斜辺と1つの鋭角がそれぞれ等しい。
② 斜辺と他の1辺がそれぞれ等しい。

❻ (例) △BCD と △CBE において，
仮定から，　∠BDC＝∠CEB＝90°……①
二等辺三角形の底角は等しいから，
　　　　　　　∠DBC＝∠ECB……②
共通な辺だから，　　　BC＝CB……③
①，②，③より，直角三角形において，斜辺
と1つの鋭角がそれぞれ等しいから，
△BCD≡△CBE
したがって，BD＝CE

解き方 △BCD と △CBE が BC を斜辺とする直角三
角形なので，この三角形が合同
であることを証明するために，
「二等辺三角形の2つの底角は
等しい」という性質を使って，もう1つの条件につい
て考えます。

③ のところは，「辺 BC は共通」と表してもよいです。
直角三角形の合同条件は，かならず書きます。

### 2 四角形

p.44-45　Step ❷

❶ (1) ∠DCA　　(2) ∠DAC　　(3) CA
(4) 1組の辺とその両端の角がそれぞれ等しい
(5) ∠CDA　　(6) △CDB　　(7) ∠DCB
(8) 2組の対角はそれぞれ等しい。

解き方 対応する図形の関係に気をつけて，辺や角
を書きます。
(3) 図形の対応関係から，CA と書きます。
(6) B と D を結んで考えます。
平行線の性質が使えます。
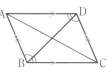

三角形の合同条件
次のどれか1つが成り立てば合同である。
① 3組の辺がそれぞれ等しい。
② 2組の辺とその間の角がそれぞれ等しい。
③ 1組の辺とその両端の角がそれぞれ等しい。
また，記号は対応する頂点の順に書きます。
(1)　∠BAC＝∠DCA

❷ (1) $x＝65$　$y＝115$　　(2) $x＝4$　$y＝6$
解き方 (1) 平行四辺形で，対角は等しいから，
∠$x＝65°$
また，となり合う角との和は180°であるから，
∠$y＋65°＝180°$より，∠$y＝115°$
(2) 平行四辺形で，対辺は等しいから，$x＝4$
また，2つの対角線はそれぞれの中点で交わるから，
$y＝3×2＝6$

❸ ⑦，⑦
解き方 四角形は，次の各場合に平行四辺形である
といえます。
四角形が平行四辺形になるための条件
次のどれか1つが成り立てば平行四辺形である。
① 2組の対辺がそれぞれ平行である。（定義）
② 2組の対辺がそれぞれ等しい。
③ 2組の対角がそれぞれ等しい。
④ 2つの対角線がそれぞれの中点で交わる。
⑤ 1組の対辺が平行で等しい。

21

(1) AB＝CD，BC＝DA より，2 組の向かい合う辺が，それぞれ等しいので，平行四辺形であるといえます。

(2) 2 組の向かい合う角は，∠A と∠C，∠B と∠D です。∠A＝60°，∠C＝120° より，∠A と∠C は等しくなく，∠B＝120°，∠D＝60° より，∠B と∠D は等しくないので，平行四辺形であるとはいえません。

(3) 図のように，辺 AD を D の方に延長した直線上に点 E をとります。

∠D＝75° より，
∠CDE＝180°－75°＝105°
∠A＝105° より，∠A＝∠CDE
よって，同位角が等しいので，AB∥DC ……①
また，仮定より，AB＝CD ……②
①，②から，1 組の向かい合う辺が，等しくて平行であるので，四角形 ABCD は平行四辺形です。

注意 問題の条件が平行四辺形になる条件の形でなくても，平行四辺形であるといえることもあります。

❹ (例)四角形 AFCE において，

仮定から，AE＝$\frac{1}{3}$AD，FC＝$\frac{1}{3}$BC
平行四辺形の対辺は等しいから，AD＝BC
したがって，　　　　　　AE＝FC ……①
また，AD∥BC より，　　AE∥FC ……②
①，②より，1 組の対辺が平行で等しいから，四角形 AFCE は平行四辺形になる。

解き方 平行四辺形になるための条件「1 組の対辺が平行で等しい」を使って証明します。四角形が平行四辺形になるための条件は ❸ 解き方 で確認しましょう。

別解 ① と△ABF≡△CDE から，AF＝CE を示し，「2 組の対辺がそれぞれ等しいから，平行四辺形になる」ことを証明してもよいです。
△ABF≡△CDE の部分の証明は，次の通りです。
BF＝$\frac{2}{3}$BC，DE＝$\frac{2}{3}$AD，BC＝AD より，
BF＝DE ……㋐
平行四辺形の対辺は等しいから，
AB＝CD ……㋑
平行四辺形の対角は等しいから，
∠ABF＝∠CDE ……㋒
㋐，㋑，㋒より，2 組の辺とその間の角がそれぞれ等しいから，△ABF≡△CDE

❺ (1) ひし形　　(2) 長方形　　(3) 正方形

解き方 (3) ひし形と長方形の性質を合わせもつ四角形になります。
長方形，ひし形，正方形の定義は以下のとおりです。
長方形：4 つの角が等しい四角形
ひし形：4 つの辺が等しい四角形
正方形：4 つの角が等しく，4 つの辺が等しい四角形

❻ (1) 長方形　　(2) ひし形　　(3) 正方形

解き方 (1) OA＝OB より，
AC＝BD
2 つの対角線の長さが等しい四角形は，長方形です。

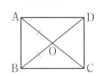

(2) ∠AOB＝∠AOD＝90° となります。2 つの対角線がそれぞれの中点で垂直に交わる平行四辺形は，ひし形です。

(3) AB＝BC より，ひし形になり，AC＝BD より，長方形になります。
ひし形で長方形であるのは，正方形です。

❼ (例)△ADE と△CDF において，

仮定から，　　　　　　　　AE＝CF ……①
　　　　　∠AED＝∠CFD＝90° ……②
共通な角だから，∠ADE＝∠CDF ……③
②，③から，∠DAE＝∠DCF ……④
①，②，④から，
1 組の辺とその両端の角がそれぞれ等しいから，
△ADE≡△CDF
対応する辺だから，AD＝CD ……⑤
▱ABCD の対辺だから，
AD＝BC ……⑥，AB＝CD ……⑦
⑤，⑥，⑦から，AB＝BC＝CD＝AD
4 つの辺が等しいから，四角形 ABCD はひし形である。

解き方 平行四辺形で，となり合う辺が等しければ，すべての辺が等しくなるので，ひし形です。

❶ (1) 4つの辺が等しい四角形
　 (2) 垂直二等分線　(3) 長方形

❷ (1) 69°　(2) 75°

❸ (1) 75°　(2) 15°　(3) △BCI または △ECI
　 (4) 直角三角形において，斜辺と1つの鋭角が
　 それぞれ等しい。

❹ ㋐同位角　㋑∠AED　㋒頂角　㋓AE

❺ (1) 長方形　(2) ひし形

❻ (1) AB＝EC，∠GAB＝∠GEC，∠GBA＝∠GCE
　 (2) (例) △GAB≡△GEC より，BG＝CG
　 G は辺 BC の中点となるから，
$$BG = \frac{1}{2}BC = AB \quad \cdots\cdots ①$$
　 同様にして，△HAB≡△HDF より，
$$AH = AB \quad \cdots\cdots ②$$
　 また，AH∥BG　……③
　 ①，②，③ より，1組の対辺が平行で等しい
　 から，四角形 ABGH は平行四辺形である。
　 平行四辺形の対辺は等しいから，
$$HG = AB \quad \cdots\cdots ④$$
　 ①，②，④ から，4つの辺が等しいから四角
　 形 ABGH はひし形である。

---

**解き方**

❶ (1) 同じ内容が書いてあれば正解です。
　 (2) 二等辺三角形の頂角の二等分線は，底辺を垂直
　 に2等分します。
　 (3) 正方形の定義は，「4つの角が等しく，4つの辺
　 が等しい四角形」です。4つの角が等しい四角形は
　 長方形です。

❷ (1) AB＝AC より，∠ACB＝∠ABC＝∠$x$
　 △ABC で，外角は，これととなり合わない2つの
　 内角の和に等しいので，
　 138°＝∠ABC＋∠ACB＝∠$x$＋∠$x$＝2∠$x$
　 ∠$x$＝138°÷2＝69°
　 (2) AB＝AC より，
　 ∠ACB＝∠CAD÷2＝60°÷2＝30°
　 △CAD の内角の和は 180°なので，
　 ∠ACD＝180°－60°－75°＝45°
　 ∠$x$＝∠ACB＋∠ACD＝30°＋45°＝75°

❸ (1) DA＝DE だから，
　 △ADE は二等辺三
　 角形です。
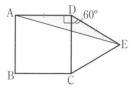
$$\angle DAE$$
$$= \{180° - (90° + 60°)\} \div 2 = 15°$$
$$\angle BAE = 90° - 15° = 75°$$
　 (2) △DAE≡△CBE
　 より，AE＝BE だか
　 ら，△ABE は二等辺
　 三角形です。
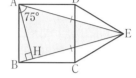
　 ∠ABE＝∠BAE＝75°
　 より，∠BAH＝90°－75°＝15°
　 (4) 二等辺三角形の頂
　 角の二等分線は底辺
　 と垂直に交わります。
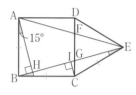
　 △ABH，△BCI，
　 △ECI で，
　 ∠AHB＝∠BIC＝∠EIC＝90°
　 AB＝BC＝EC，∠BAH＝∠CBI＝∠CEI＝15°

❹ DB＝EC を直接証明するのは難しいので，AB，
　 AD，AC，AE に着目します。
　 問題文から，△ABC は二等辺三角形であることが
　 わかるので，AB＝AC がいえます。
　 あとは，AD＝AE をいうための条件をそろえます。

❺ (1) 2つの対角線がそれぞれの中点で交わるので，
　 四角形 ABCD は平行四辺形です。
　 また，OA＋OC＝OB＋OD が成り立ち，対角線の
　 長さが等しいので，長方形です。
　 (2) 2組の対角がそれぞれ等しいので，四角形
　 ABCD は平行四辺形です。
　 また，AC⊥BD より，対角線が垂直に交わるので，
　 ひし形です。

❻ (1) 仮定から，AB＝EC
　 平行線の錯角は等しいから，
　 ∠GAB＝∠GEC，∠GBA＝∠GCE
　 (2) △HAB≡△HDF から AH＝AB を導く部分は，
　 △GAB≡△GEC から BG＝CG を導くのと同じ形
　 式なので，「同様にして」として省略することがで
　 きます。
　 ひし形の定義は，「4つの辺が等しい四角形」です。

# 6章 確率

### 1 確率

**p.49-51** **Step 2**

❶ (1) ㋐ 0.19　㋑ 0.17　㋒ 0.16　㋓ 0.16　㋔ 0.17
　　㋕ 0.17
　(2) 0.17

**解き方** (1) (1 の目が出た相対度数)
= (1 の目が出た回数)÷(投げた回数)
であるから,
㋐ $19÷100 = 0.19$
㋑ $34÷200 = 0.17$
㋒ $49÷300 = 0.163\cdots → 0.16$
㋓ $65÷400 = 0.1625　→ 0.16$
㋔ $84÷500 = 0.168　　→ 0.17$
㋕ $169÷1000 = 0.169 → 0.17$
となります。
(2) さいころを投げる回数を多くすると, 次第に, 一定の値に近づくと考えられるので, 投げた回数のいちばん多い場合の相対度数を確率と考えます。

❷ (1) ○　　　　　(2) ×
　(3) ×　　　　　(4) ×

**解き方** (1) 特にことわりがない限り, さいころは正しくつくられていると考えます。
正しくつくられたさいころでは, ⚀～⚅のどの目が出ることも同様に確からしいです。
(2) 1 回も出ないこともありますし, 2 回以上出ることもあります。
(3) 硬貨を投げて表, 裏のどちらが出るかは, 前の結果には影響されません。
(4) 赤玉, 白玉がそれぞれ何個ずつ入っているかによって, 赤玉を取り出す確率は異なります。

❸ $\dfrac{4}{5}$

**解き方** あることがらの起こる確率が $p$ であるとき, あることがらが起こらない確率は $1-p$ となります。
ここでは, 「はずれくじを引く」ということを「当たりくじを引かない」ことと考えればよいです。

当たりくじを引く確率が $\dfrac{1}{5}$ なので,
(はずれくじを引く確率)
= (当たりくじを引かない確率)
= 1−(当たりくじを引く確率)
= $1-\dfrac{1}{5}$
= $\dfrac{4}{5}$

❹ (1) $\dfrac{1}{4}$　　(2) $\dfrac{3}{52}$　　(3) $\dfrac{1}{13}$

**解き方** (1) ♠のカードは 13 枚あるから, ♠のカードを引く確率は, $\dfrac{13}{52} = \dfrac{1}{4}$ です。
(2) ♥の絵札は 3 枚あるから, ♥の絵札を引く確率は, $\dfrac{3}{52}$ です。
(3) A のカードは 4 枚あるから, A のカードを引く確率は, $\dfrac{4}{52} = \dfrac{1}{13}$ です。

　**確認 確率の求め方**
　起こり得る場合が全部で $n$ 通りあり, そのどれが起こることも同様に確からしいとする。
　そのうち, あることがらの起こる場合が $a$ 通りあるとき, そのことがらの起こる確率 $p$ は, $p = \dfrac{a}{n}$

❺ (1) $\dfrac{1}{2}$　　(2) $\dfrac{3}{10}$　　(3) $\dfrac{2}{5}$

**解き方** (1) 1 から 10 までの整数で, 奇数は, 1, 3, 5, 7, 9 の 5 つあるから, 奇数のカードを取り出す確率は, $\dfrac{5}{10} = \dfrac{1}{2}$ です。
(2) 1 から 10 までの整数で, 3 の倍数は, 3, 6, 9 の 3 つあるから, 3 の倍数のカードを取り出す確率は, $\dfrac{3}{10}$ です。
(3) 1 から 10 までの整数で, 素数は, 2, 3, 5, 7 の 4 つあるから, 素数のカードを取り出す確率は, $\dfrac{4}{10} = \dfrac{2}{5}$ です。

　**確認 素数**
　1 とその数のほかに約数がない数をいい, 1 は素数にふくまれません。

**❻**(1)

(2) $\dfrac{1}{8}$　　　　(3) $\dfrac{3}{8}$

**解き方** (1)左端の○，×を除くと，全く同じ図になることに注意します。

(2)表，裏の出方は，全部で8通りあります。
3回とも裏になるのは1通りです。

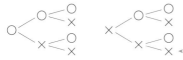

(3)表が2回出るのは，○○×，○×○，×○○の3通りです。

**❼**(1) $\dfrac{1}{9}$　　(2) $\dfrac{1}{12}$　　(3) $\dfrac{1}{4}$

**解き方** 起こり得るすべての場合は全部で，36通りです。

(1)目の和が5になるのは，下の表の色アミの部分で4通りあるから，その確率は，

$\dfrac{4}{36}=\dfrac{1}{9}$

です。

| 大＼小 | ● | ∴ | ⚂ | ⚃ | ⚄ | ⚅ |
|---|---|---|---|---|---|---|
| ● | 2 | 3 | 4 | 5 | 6 | 7 |
| ∴ | 3 | 4 | 5 | 6 | 7 | 8 |
| ⚂ | 4 | 5 | 6 | 7 | 8 | 9 |
| ⚃ | 5 | 6 | 7 | 8 | 9 | 10 |
| ⚄ | 6 | 7 | 8 | 9 | 10 | 11 |
| ⚅ | 7 | 8 | 9 | 10 | 11 | 12 |

(2)目の和が3以下になるのは，下の表の色アミの部分で3通りあるから，その確率は，

$\dfrac{3}{36}=\dfrac{1}{12}$

です。

| 大＼小 | ● | ∴ | ⚂ | ⚃ | ⚄ | ⚅ |
|---|---|---|---|---|---|---|
| ● | 2 | 3 | 4 | 5 | 6 | 7 |
| ∴ | 3 | 4 | 5 | 6 | 7 | 8 |
| ⚂ | 4 | 5 | 6 | 7 | 8 | 9 |
| ⚃ | 5 | 6 | 7 | 8 | 9 | 10 |
| ⚄ | 6 | 7 | 8 | 9 | 10 | 11 |
| ⚅ | 7 | 8 | 9 | 10 | 11 | 12 |

(3)4の倍数は，4，8，12です。目の和が4，8，12になるのは，下の表の色アミの部分で，それぞれ3通り，5通り，1通りあるから，その確率は，

$\dfrac{3+5+1}{36}=\dfrac{9}{36}=\dfrac{1}{4}$

です。

| 大＼小 | ● | ∴ | ⚂ | ⚃ | ⚄ | ⚅ |
|---|---|---|---|---|---|---|
| ● | 2 | 3 | 4 | 5 | 6 | 7 |
| ∴ | 3 | 4 | 5 | 6 | 7 | 8 |
| ⚂ | 4 | 5 | 6 | 7 | 8 | 9 |
| ⚃ | 5 | 6 | 7 | 8 | 9 | 10 |
| ⚄ | 6 | 7 | 8 | 9 | 10 | 11 |
| ⚅ | 7 | 8 | 9 | 10 | 11 | 12 |

**❽**(1) 10通り

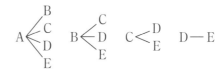

(2) $\dfrac{1}{10}$　　　　(3) $\dfrac{2}{5}$

**解き方** (1)樹形図を用いて考えるほかに，次のような表や図を考えてもよいです。

|  | A | B | C | D | E |
|---|---|---|---|---|---|
| A |  | ○ | ○ | ○ | ○ |
| B | － |  | ○ | ○ | ○ |
| C | － | － |  | ○ | ○ |
| D | － | － | － |  | ○ |
| E | － | － | － | － |  |

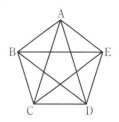

表では，（A，B）と（B，A）は同じなのでどちらかを数えます。

図(五角形)では，A，B，C，D，Eのうち，2つの頂点を結ぶ線分の本数を数えます。

(2)AとBの玉を取り出すのは1通りなので，それを取り出す確率は，

$\dfrac{1}{10}$

です。

(3)2個のうち1個がEである組み合わせは4通りあるから，その確率は，

$\dfrac{4}{10}=\dfrac{2}{5}$

です。

|  | A | B | C | D | E |
|---|---|---|---|---|---|
| A |  | ○ | ○ | ○ | ○ |
| B | － |  | ○ | ○ | ○ |
| C | － | － |  | ○ | ○ |
| D | － | － | － |  | ○ |
| E | － | － | － | － |  |

❾ (1) $\dfrac{1}{4}$  (2) $\dfrac{2}{9}$

**解き方** 1回目の位置をもとにして，次のような表をつくります。

| 1回目の目 | 1 | 2 | 3 | 4 | 5 | 6 |
|---|---|---|---|---|---|---|
| 1回目の位置 | B | C | D | A | B | C |
| 2回目の目と位置 1 | C | D | A | B | C | D |
| 2 | D | A | B | C | D | A |
| 3 | A | B | C | D | A | B |
| 4 | B | C | D | A | B | C |
| 5 | C | D | A | B | C | D |
| 6 | D | A | B | C | D | A |

注意 次のような点に注意して表をつくります。

　2の目➡対角の位置にある。

　4の目➡1回りして元の位置にもどる。

　5の目➡1回りして1進む➡1の目と同じ

　6の目➡1回りして2進む➡2の目と同じ

さいころを2回投げたとき，起こり得るすべての場合は，表より全部で，36通りです。

(1) 2回目に頂点Aにあるのは，下の表の色アミの部分で9通りです。

| 1回目の目 | 1 | 2 | 3 | 4 | 5 | 6 |
|---|---|---|---|---|---|---|
| 1回目の位置 | B | C | D | A | B | C |
| 2回目の目と位置 1 | C | D | A | B | C | D |
| 2 | D | A | B | C | D | A |
| 3 | A | B | C | D | A | B |
| 4 | B | C | D | A | B | C |
| 5 | C | D | A | B | C | D |
| 6 | D | A | B | C | D | A |

その確率は，$\dfrac{9}{36} = \dfrac{1}{4}$

(2) 2回目に頂点Bにあるのは，下の表の色アミの部分で8通りです。

| 1回目の目 | 1 | 2 | 3 | 4 | 5 | 6 |
|---|---|---|---|---|---|---|
| 1回目の位置 | B | C | D | A | B | C |
| 2回目の目と位置 1 | C | D | A | B | C | D |
| 2 | D | A | B | C | D | A |
| 3 | A | B | C | D | A | B |
| 4 | B | C | D | A | B | C |
| 5 | C | D | A | B | C | D |
| 6 | D | A | B | C | D | A |

その確率は，$\dfrac{8}{36} = \dfrac{2}{9}$

**p.52-53** **Step ❸**

❶ (1) $\dfrac{1}{8}$  (2) $\dfrac{3}{8}$

❷ (1) $\dfrac{1}{6}$  (2) $\dfrac{1}{9}$  (3) $\dfrac{5}{18}$

❸ (1) $\dfrac{1}{2}$  (2) $\dfrac{1}{3}$  (3) $\dfrac{1}{6}$

❹ (1) 30通り  (2) $\dfrac{2}{5}$  (3) $\dfrac{3}{5}$

❺ (1) $\dfrac{3}{10}$  (2) $\dfrac{3}{5}$  (3) $\dfrac{3}{10}$

**解き方**

❶ (1) 表を○，裏を×として樹形図をかくと，表，裏の出方は全部で8通りです。

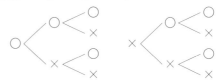

3枚とも表が出るのは，○－○－○の1通りです。求める確率は，$\dfrac{1}{8}$ です。

(2) 1枚が表で，2枚が裏が出るのは，○－×－×，×－○－×，×－×－○の3通りです。求める確率は，$\dfrac{3}{8}$ です。

❷ 2つのさいころの目の積を表にすると，下の表のようになり，起こり得るすべての場合は全部で，36通りです。

| 大＼小 | ⚀ | ⚁ | ⚂ | ⚃ | ⚄ | ⚅ |
|---|---|---|---|---|---|---|
| ⚀ | ① | 2 | 3 | 4 | 5 | 6 |
| ⚁ | 2 | ④ | 6 | 8 | 10 | 12 |
| ⚂ | 3 | 6 | ⑨ | 12 | 15 | 18 |
| ⚃ | 4 | 8 | 12 | ⑯ | 20 | 24 |
| ⚄ | 5 | 10 | 15 | 20 | ㉕ | 30 |
| ⚅ | 6 | 12 | 18 | 24 | 30 | ㊱ |

(1) 2つとも同じ目になるのは表の赤い○がついている (1, 1), (2, 2), (3, 3), (4, 4), (5, 5), (6, 6) の6通りあるから，その確率は，$\dfrac{6}{36} = \dfrac{1}{6}$ です。

(2) 目の積が12になるのは，表の色アミの部分で4通りなので，その確率は，$\dfrac{4}{36} = \dfrac{1}{9}$ です。

(3) 目の積が18以上になるのは，表のスミアミの部分で10通りなので，その確率は，$\frac{10}{36}=\frac{5}{18}$です。

❸ 1枚ずつ取り出し，1枚目を十の位の数，2枚目を一の位の数にして2けたの整数をつくると，できる整数は，樹形図から，全部で12通りです。

```
1枚目      2枚目   できた整数
              2 …… 12
     1 ─────  3 …… 13
              4 …… 14
              1 …… 21
     2 ─────  3 …… 23
              4 …… 24
              1 …… 31
     3 ─────  2 …… 32
              4 …… 34
              1 …… 41
     4 ─────  2 …… 42
              3 …… 43
```

(1) 偶数は，12，14，24，32，34，42の6通りです。
よって，求める確率は，$\frac{6}{12}=\frac{1}{2}$です。

(2) 3の倍数は，12，21，24，42の4通りです。
よって，求める確率は，$\frac{4}{12}=\frac{1}{3}$です。

(3) 十の位の数が，一の位の数より2大きくなるのは，31，42の2通りです。
よって，求める確率は，$\frac{2}{12}=\frac{1}{6}$です。

❹ (1) 当たりくじを①，②，はずれくじを③，④，⑤，⑥で表すと，樹形図は次のようになり，A，Bの2人のくじの引き方は全部で30通りです。

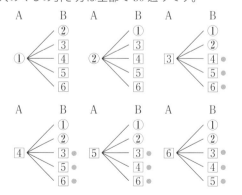

(2) (1)の樹形図で2人ともはずれるのは，●をつけた12通りです。
よって，求める確率は，$\frac{12}{30}=\frac{2}{5}$です。

(3) あることがらの起こる確率が$p$であるとき，あることがらが起こらない確率は$1-p$となります。
「どちらかが当たる」ということを「2人ともはずれない」ことと考えればよいです。
(どちらかが当たる確率)
=(2人ともはずれない確率)
=1-(2人ともはずれる確率)
=$1-\frac{2}{5}$
=$\frac{3}{5}$

❺ 赤玉を$赤_1$，$赤_2$，$赤_3$，白玉を$白_1$，$白_2$とします。
(1) 2個の組み合わせをすべて書くと，
{$赤_1$，$赤_2$}，{$赤_1$，$赤_3$}，{$赤_1$，$白_1$}，{$赤_1$，$白_2$}，
{$赤_2$，$赤_3$}，{$赤_2$，$白_1$}，{$赤_2$，$白_2$}，{$赤_3$，$白_1$}，
{$赤_3$，$白_2$}，{$白_1$，$白_2$}の10通りです。
両方とも赤玉であるのは下線の3通りだから，求める確率は，$\frac{3}{10}$です。

参考表を使って考えると，右のようになります。

|  | $赤_1$ | $赤_2$ | $赤_3$ | $白_1$ | $白_2$ |
|---|---|---|---|---|---|
| $赤_1$ |  | ○ | ○ | ○ | ○ |
| $赤_2$ |  |  | ○ | ○ | ○ |
| $赤_3$ |  |  |  | ○ | ○ |
| $白_1$ |  |  |  |  | ○ |
| $白_2$ |  |  |  |  |  |

(2) 赤玉1個と白玉1個の組み合わせは6通りだから，求める確率は，$\frac{6}{10}=\frac{3}{5}$です。

(3) 2回続けて取り出すとき，順番も考えた組み合わせは，
($赤_1$，$赤_2$)，($赤_2$，$赤_1$)，($赤_1$，$赤_3$)，($赤_3$，$赤_1$)，
($赤_1$，$白_1$)，($白_1$，$赤_1$)，($赤_1$，$白_2$)，($白_2$，$赤_1$)，
($赤_2$，$赤_3$)，($赤_3$，$赤_2$)，($赤_2$，$白_1$)，($白_1$，$赤_2$)，
($赤_2$，$白_2$)，($白_2$，$赤_2$)，($赤_3$，$白_1$)，($白_1$，$赤_3$)，
($赤_3$，$白_2$)，($白_2$，$赤_3$)，($白_1$，$白_2$)，($白_2$，$白_1$)
の20通りです。
赤玉→白玉の順になるのは下線の6通りあるから，求める確率は，$\frac{6}{20}=\frac{3}{10}$です。

参考表を使って考えると，右のようになります。

| 1回目＼2回目 | $赤_1$ | $赤_2$ | $赤_3$ | $白_1$ | $白_2$ |
|---|---|---|---|---|---|
| $赤_1$ |  | ○ | ○ | ○ | ○ |
| $赤_2$ | ○ |  | ○ | ○ | ○ |
| $赤_3$ | ○ | ○ |  | ○ | ○ |
| $白_1$ | ○ | ○ | ○ |  | ○ |
| $白_2$ | ○ | ○ | ○ | ○ |  |

# 7章 データの分布

## 1 データの分布

p.55 Step 2

❶ (1) 第 1 四分位数 2 時間，第 2 四分位数 4 時間，
第 3 四分位数 7 時間

(2) 5 時間 (3)（下の図）

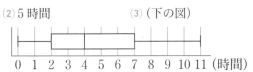

(時間)

解き方 (1) データの数が偶数だから，19 番目と 20 番目の平均値が第 2 四分位数です。19 番目の値は 4，20 番目の値も 4 なので，第 2 四分位数は 4 時間です。第 1 四分位数は前半のデータの中央値のことで，10 番目の値なので 2 時間，第 3 四分位数は後半のデータの中央値のことで，29 番目の値なので 7 時間です。

(2)（四分位範囲）＝（第 3 四分位数）－（第 1 四分位数）
　　　　　　　＝ 7 － 2 ＝ 5（時間）

(3) 箱ひげ図は，四分位数，最小値，最大値をもとにしてかきます。

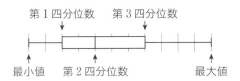

❷ (1) 2 組，1 組，3 組 (2) 1 組，3 組，2 組

(3) 3 組 (4) ⑦

解き方 (1) 箱ひげ図の箱の中にある縦の線が中央値（第 2 四分位数）です。

(2)（範囲）＝（最大値）－（最小値）です。この値が大きい順に並べかえます。

(3)（四分位範囲）＝（第 3 四分位数）－（第 1 四分位数）で求められ，箱ひげ図の箱の幅の長さを表します。この値がいちばん大きいのは 3 組です。

(4) ⑦中央値を比べます。1 組は 5 点，2 組は 6 点，3 組は 4 点なので，5 点未満の生徒の数がいちばん多いのは 2 組ではありません。よって，間違いです。

⑦ 3 組の中央値は 4 点なので，4 点以上の生徒は半分以上います。よって，正しいです。

p.56 Step 3

❶ (1) 第 1 四分位数 3.5 時間
第 2 四分位数 6.5 時間
第 3 四分位数 10.5 時間

(2) 7 時間 (3)（下の図）

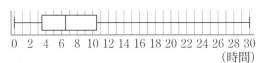

(時間)

❷ (1) B (2) C，A，B (3) C (4) ⑦

---

解き方

❶ (1) データの値を小さい順に並べかえると

0 0 0 1 1 2 2 2 3 4 4 4 4
5 5 5 6 6 7 8 8 8 8 8 9 9 10
11 12 14 14 15 16 18 18 24 30

となります。データの数が偶数だから，20 番目と 21 番目の平均値が第 2 四分位数です。20 番目の値は 6，21 番目の値は 7 なので，第 2 四分位数は $\dfrac{6+7}{2}=6.5$（時間）です。第 1 四分位数は前半のデータの中央値のことで，10 番目と 11 番目の平均値，第 3 四分位数は後半のデータの中央値のことで，30 番目と 31 番目の平均値です。

(2)（四分位範囲）＝（第 3 四分位数）－（第 1 四分位数）
　　　　　　　＝ 10.5 － 3.5 ＝ 7（時間）

❷ (1) 箱ひげ図の箱の中にある縦の線が中央値（第 2 四分位数）です。

(2) 四分位範囲は，箱ひげ図の箱の幅の長さを表します。

(3)（範囲）＝（最大値）－（最小値）で求められます。この値がいちばん大きいのは C です。

(4) ⑦ C だけ中央値が 7.8 秒以上の位置にあるので，7.8 秒未満の生徒の数がいちばん多いのは C ではありません。よって，間違いです。

⑦ B の中央値は 7.6 秒の位置にあるので，7.6 秒以上の生徒は半分以上います。よって，正しいです。

⑦箱ひげ図からは，7.6 秒未満の生徒の数が同じかどうかは判断できません。

## テスト前 ☑ やることチェック表

① まずはテストの目標をたてよう。頑張ったら達成できそうなちょっと上のレベルを目指そう。
② 次にやることを書こう（「ズバリ英語○ページ，数学○ページ」など）。
③ やり終えたら□に✓を入れよう。
　最初に完ぺきな計画をたてる必要はなく，まずは数日分の計画をつくって，
　その後追加・修正していっても良いね。

| 目標 |
| --- |
|  |

|  | 日付 | やること1 | やること2 |
| --- | --- | --- | --- |
| 2週間前 | / | ☐ | ☐ |
|  | / | ☐ | ☐ |
|  | / | ☐ | ☐ |
|  | / | ☐ | ☐ |
|  | / | ☐ | ☐ |
|  | / | ☐ | ☐ |
|  | / | ☐ | ☐ |
| 1週間前 | / | ☐ | ☐ |
|  | / | ☐ | ☐ |
|  | / | ☐ | ☐ |
|  | / | ☐ | ☐ |
|  | / | ☐ | ☐ |
|  | / | ☐ | ☐ |
|  | / | ☐ | ☐ |
| テスト期間 | / | ☐ | ☐ |
|  | / | ☐ | ☐ |
|  | / | ☐ | ☐ |
|  | / | ☐ | ☐ |
|  | / | ☐ | ☐ |

# テスト前 ☑ やることチェック表

① まずはテストの目標をたてよう。頑張ったら達成できそうなちょっと上のレベルを目指そう。
② 次にやることを書こう（「ズバリ英語○ページ，数学○ページ」など）。
③ やり終えたら□に✓を入れよう。
　最初に完ぺきな計画をたてる必要はなく，まずは数日分の計画をつくって，
　その後追加・修正していっても良いね。

目標

| | 日付 | やること1 | やること2 |
|---|---|---|---|
| 2週間前 | ／ | ☐ | ☐ |
| | ／ | ☐ | ☐ |
| | ／ | ☐ | ☐ |
| | ／ | ☐ | ☐ |
| | ／ | ☐ | ☐ |
| | ／ | ☐ | ☐ |
| | ／ | ☐ | ☐ |
| 1週間前 | ／ | ☐ | ☐ |
| | ／ | ☐ | ☐ |
| | ／ | ☐ | ☐ |
| | ／ | ☐ | ☐ |
| | ／ | ☐ | ☐ |
| | ／ | ☐ | ☐ |
| テスト期間 | ／ | ☐ | ☐ |
| | ／ | ☐ | ☐ |
| | ／ | ☐ | ☐ |
| | ／ | ☐ | ☐ |
| | ／ | ☐ | ☐ |

キリトリ線